まえがき

　教員時代、子どもたちと身近にいる蝶(学校や自分たちのまちにいる蝶)を調べました。

　「先生、花壇のジュズダマにクロコノマチョウが 10 頭もいました。」と蝶を見つけるたびに眼を輝かせる子どもたち、蝶を調べるのが日課になり、休み時間でも蝶探索をしていました。私も一緒に蝶探しを楽しみました。

　学校の敷地内(南舞岡小学校)で年間 45 種類もの蝶を見つけることができました。横浜の学校内でこんなに多くの種類の蝶がいたのには驚きました。

　クロコノマチョウは、もともと西日本の暖かい所に生息する蝶です。しかし、最近では地球温暖化等の影響で横浜でも見られるようになりました。

　2009 年から 2018 年まで 10 年間調査し、横浜に生息している 75 種類(迷蝶 3種類含む)を記録することができました。

　合わせて、観察した卵・幼虫・蛹についても掲載しました。

　観察地の記録を載せてあります。

　横浜の各地で多くの蝶が見られました。また、その地域でしか見られない蝶も観察できました。季節で見られる蝶も記録できました。

　読者の方も、身近な自然の中へ出て、実際に蝶との出会いを楽しみ、大いに感動を得てほしいと願っています。

　蝶観察のときなど、この本がいくらかでも役だってくれれば幸いに思います。

2020 年 10 月　　上村文次

JN062765

1

本書の表し方

　本書は、横浜市で 2009 年から 2018 年の 10 年間に記録した 75 種類(迷蝶 3 種類含む)すべての蝶(成虫)を記載しました。

　種によっては卵、幼虫、蛹も記載しました。

　記載した写真は実際に筆者が同所で撮影したものであるが、写真が揃わなかった場合のみ、ご提供いただいた方の写真を使用しました。カッコで撮影者名を記しました。

　各種の蝶について、写真と簡単な説明(蝶の特徴、生態など)を付けました。蝶の名前を知ってほしい時の手助けとなるように「名前の由来」なども記しておきました。「食草」を載せておきました。例えばヤマトシジミの食草はカタバミです。カタバミを知っていれば、この植物が生えている場所にいけばヤマトシジミはわりあいと簡単に見つけることができます。蝶を観察するには、食草を知ってほしいです。

　筆者が観察した「卵・幼虫・蛹」についても記載しました。観察では成虫だけでなく、卵や幼虫、蛹も見られると思います。この時、図鑑の役目をしてくれたらと思っています。

　いつ、どこで、どんな蝶が見られるかを表したのがチョウ暦です。舞岡公園のチョウ暦を作成しました。

　「観察地の記録」を載せました。観察地点は横浜の東部・西部・南部・北部・中央部から 10 カ所を選びました。各地で観察できた蝶を記録しました。

　実際に観察してみたい方のために「観察地の紹介・市民の森の一覧」を載せておきました。参考にしていただけたらと思います。

　各蝶の学名(和名の次に英語で書かれている)は、日本チョウ類保全協会編「日本のチョウ」に準拠しました。

表紙写真の蝶
　　イチモンジチョウ(2018.5.12 寺家ふるさと村)

裏表紙写真の蝶
　　ゴマダラチョウの幼虫(2018.2.2　戸塚区舞岡公園)

目　次

横浜のまち

- 約370万人の人口を有する日本第2の都市です。
- 人口は3741225人(2018年12月1日現在)です。
- 国際港湾都市 （ミナトヨコハマ）
- 18区(行政区)で構成されています。
- 郊外には田畑が結構あり、農業を営む家もあります。
- 自然公園などでさまざまな動植物(蝶など)が観察できます。

春 寺家ふるさと村(青葉区)
2018.3.24

夏 山下公園前(中区)
2018.7.22

秋 金沢自然公園(金沢区)からの眺望
2018.11.4

冬 ランドマークタワー(スカイガーデン)から
の眺望 2018.12.29

新緑の四季の森公園(緑区寺山町)　2018.4.8

四季の森公園で観察した蝶の一部 2018 年 4 月 8 日(P141 参照)

　ミヤマセセリ　　　　ベニシジミ　　　　キタキチョウ　　　テングチョウ

横浜市の蝶

横浜市内で 2009 年から 2018 年の 10 年間に、観察した蝶は次の 5 科 75 種類です。

横浜市で見られる蝶

1	アゲハチョウ科	アオスジアゲハ	39	タテハチョウ科	イチモンジチョウ
2		アゲハ	40		ウラギンスジヒョウモン
3		オナガアゲハ	41		オオウラギンスジヒョウモン
4		カラスアゲハ	42		オオムラサキ
5		キアゲハ	43		(カバマダラ)
6		クロアゲハ	44		キタテハ
7		ジャコウアゲハ	45		クロコノマチョウ
8		ナガサキアゲハ	46		クロヒカゲ
9		ミヤマカラスアゲハ	47		コジャノメ
10		モンキアゲハ	48		コミスジ
11	シロチョウ科	キタキチョウ	49		コムラサキ
12		スジグロシロチョウ	50		ゴマダラチョウ
13		ツマキチョウ	51		サトキマダラヒカゲ
14		ツマグロキチョウ	52		ジャノメチョウ
15		モンキチョウ	53		ツマグロヒョウモン
16		モンシロチョウ	54		テングチョウ
17	シジミチョウ科	アカシジミ	55		ヒオドシチョウ
18		ウラギンシジミ	56		ヒカゲチョウ
19		ウラゴマダラシジミ	57		ヒメアカタテハ
20		ウラナミアカシジミ	58		ヒメウラナミジャノメ
21		ウラナミシジミ	59		ヒメジャノメ
22		オオミドリシジミ	60		ミスジチョウ
23		(クロマダラソテツシジミ)	61		ミドリヒョウモン
24		ゴイシシジミ	62		メスグロヒョウモン
25		コツバメ	63		(リュウキュウムラサキ)
26		シルビアシジミ	64		ルリタテハ
27		ツバメシジミ	65	セセリチョウ科	アオバセセリ
28		トラフシジミ	66		イチモンジセセリ
29		ベニシジミ	67		オオチャバネセセリ
30		ミズイロオナガシジミ	68		キマダラセセリ
31		ミドリシジミ	69		ギンイチモンジセセリ
32		ムラサキシジミ	70		コチャバネセセリ
33		ムラサキツバメ	71		ダイミョウセセリ
34		ヤマトシジミ	72		チャバネセセリ
35		ルリシジミ	73		ヒメキマダラセセリ
36		アカタテハ	74		ホソバセセリ
37		アカボシゴマダラ	75		ミヤマセセリ
38		アサギマダラ			( ) 迷蝶

ミドリシジミ 舞岡公園(戸塚区舞岡町)2013.6.6

アゲハ 追分市民の森(旭区矢指町)2018.9.23

横浜市の蝶相

　市街地にも蝶が見られます。庭の柑橘類(ユズ、ミカン、キンカンなど)でアゲハ、クロアゲハなどが、公園のアラカシでムラサキシジミ、マテバシイでムラサキツバメが、道端のカタバミではヤマトシジミが発生しています。

　臨海部に見られる蝶です。関内駅周辺、公園などにクスノキが多く植栽されているので、アオスジアゲハがたくさん見られます。

　暖地性の蝶も多くいます。ナガサキアゲハやモンキアゲハ、ツマグロヒョウモン、クロコノマチョウなどです。

　郊外(北西部)の雑木林には山地性の蝶、ミヤマセセリ、クロヒカゲなどが見られます。また、ミドリヒョウモンやメスグロヒョウモン、オオウラギンスジヒョウモンなどのヒョウモン類も観察できます。

　里山的環境を残すところにゼフィルス6種(アカシジミ、ウラゴマダラシジミ、ウラナミアカシジミ、オオミドリシジミ、ミズイロオナガシジミ、ミドリシジミ)を見ることができます。

　他の地域では見ることが難しくなっているツマグロキチョウ、ゴイシシジミ、シルビアシジミ、オオチャバネセセリ、ホソバセセリなどの貴重種も生息しています。ツマグロキチョウやシルビアシジミ、オオチャバネセセリは県内でも見ることが難しい蝶です。

　また、定着種ではありませんが、リュウキュウムラサキ(迷蝶)など南方から飛来してきた蝶に出会うこともあります。

　2009年から2018年までの10年間に横浜市で生息を確認した蝶はアゲハチョウ科10種類、シロチョウ科6種類、シジミチョウ科19種類、タテハチョウ科29種類、セセリチョウ科11種類の5科75種類(迷蝶3種類含む)です。

クスノキの植栽(中区関内駅周辺)2018.7.22

舞岡公園のチョウ暦 (2018年)

	種類	初見日	1月	2月	3月	4月	5月	6月	7月	8月	9月	10月	11月	12月
1	ウラギンシジミ	1月9日	O	O	O	O	O	O	O	O	O	O	O	O
2	ムラサキシジミ	1月9日	O		O	O	O	O	O	O	O	O	O	O
3	キタテハ	3月11日			O	O	O	O	O	O	O	O	O	O
4	モンシロチョウ	3月11日			O	O	O	O	O	O	O	O	O	O
5	ルリシジミ	3月11日			O	O	O	O	O	O	O	O	O	
6	アゲハ	3月21日			O	O	O	O	O	O	O			
7	アカタテハ	3月21日			O	O		O				O	O	O
8	キタキチョウ	3月21日			O	O	O	O	O	O	O	O	O	
9	スジグロシロチョウ	3月21日			O	O	O	O	O	O	O	O	O	
10	ツマキチョウ	3月21日			O	O								
11	テングチョウ	3月21日			O	O	O	O	O			O	O	O
12	ベニシジミ	3月21日			O	O	O	O	O	O	O	O	O	
13	ルリタテハ	3月21日			O	O			O			O	O	
14	ヤマトシジミ	3月31日			O	O	O	O	O	O	O	O	O	O
15	モンキチョウ	3月31日			O	O	O	O	O	O	O	O	O	O
16	キアゲハ	4月6日				O	O	O	O	O	O	O	O	
17	クロコノマチョウ	4月6日				O	O	O				O	O	O
18	ジャコウアゲハ	4月19日				O	O	O	O					
19	アオスジアゲハ	4月21日				O	O	O	O	O	O	O		
20	カラスアゲハ	4月21日				O	O	O	O	O	O			
21	クロアゲハ	4月21日				O	O	O	O	O	O			
22	コチャバネセセリ	4月21日				O	O	O	O	O	O			
23	コミスジ	4月21日				O	O	O	O	O	O			
24	ツバメシジミ	4月21日				O	O	O	O	O	O	O		
25	ツマグロヒョウモン	4月21日				O	O	O	O	O	O	O	O	O
26	ナガサキアゲハ	4月21日				O	O	O	O	O	O			
27	ヒメウラナミジャノメ	4月21日				O	O	O	O	O	O	O		
28	イチモンジセセリ	4月30日				O	O	O	O	O	O	O	O	
29	コジャノメ	4月30日				O	O	O	O	O	O			
30	サトキマダラヒカゲ	4月30日				O	O	O	O	O	O			
31	ダイミョウセセリ	4月30日				O	O	O	O	O	O			
32	モンキアゲハ	4月30日				O	O	O	O	O	O			
33	アカボシゴマダラ	5月6日					O	O	O	O	O			
34	イチモンジチョウ	5月6日					O	O	O	O				
35	ヒメアカタテハ	5月6日					O			O	O	O		
36	アカシジミ	5月11日					O	O						
37	アサギマダラ	5月15日					O					O		
38	ウラゴマダラシジミ	5月18日					O	O						
39	ウラナミアカシジミ	5月18日					O							
40	ミズイロオナガシジミ	5月18日					O							
41	ヒメジャノメ	5月18日					O	O		O	O	O		
42	オオミドリシジミ	5月21日					O	O	O					
43	ミドリシジミ	5月21日					O	O	O					
44	ヒカゲチョウ	6月5日						O	O	O	O	O		
45	キマダラセセリ	6月7日						O		O	O	O		
46	コムラサキ	6月7日						O						
47	チャバネセセリ	6月7日						O	O	O	O	O	O	O
48	トラフシジミ	6月22日						O						
49	ゴマダラチョウ	7月3日							O	O	O	O		
50	ウラナミシジミ	9月22日									O	O	O	O
51	ムラサキツバメ	9月22日									O			O

9

舞岡公園のチョウ暦(2018年)

2018年の1年間(1月9日から12月30日まで)に戸塚区の舞岡公園で観察できた蝶です。

1月から12月まで計47日、観察を続け記録しました。その結果、1年間で51種類もの蝶を確認し、月ごとに見られた蝶を表にまとめ、年間のチョウ暦を作成しました。

表は2018年に舞岡公園で観察できた種を、初めて観察できた日(初見日)の順に記載し、観察できた月に○を記したものです。

舞岡公園の蝶を実際に自分の目で見てみたいが、いつ、どんな蝶が見られるのだろうか…そう言う方への案内になればと思い作成したのがチョウ暦です。

3月に新生蝶8種(モンシロチョウ、ルリシジミ、アゲハ、スジグロシロチョウ、ツマキチョウ、ベニシジミ、ヤマトシジミ、モンキチョウ)と越冬蝶7種が見られました。

ツマキチョウが3月と4月に見られました。スプリングエフェメラルと言って早春の一時だけ姿を現します。一年に一度しか出現しない蝶です。

イチモンジチョウを5、6、7、8、9月に見ることができました。横浜ではあまり見ることのできない蝶です。一度に7頭も見られたことがありました。

貴重なゼフィルス全種(アカシジミ、ウラゴマダラシジミ、ウラナミアカシジミ、ミズイロオナガシジミ、オオミドリシジミ、ミドリシジミ)を5月、6月、7月に見ることができました。これらの蝶も年1化の発生です。

トラフシジミを6月に観察しました。なかなか見る機会のない蝶です。

秋を告げる蝶ウラナミシジミを9月22日に観察しました。12月まで見られました。

毎月見ることができたのはウラギンシジミでした。ウラギンシジミは越冬する蝶なので冬でも観察できました。

ツマキチョウ 2018.3.31

ミドリシジミ 2018.5.27

ウラナミシジミ 2018.10.4

アゲハチョウ科

2013.5.2 横浜市戸塚区 ナガサキアゲハ吸蜜

横浜市中区　2018.5.5

山下公園のクスノキ

アオスジアゲハ幼虫

アオスジアゲハ

Graphium　　sarpedon

公園でも多くみられる蝶

　横浜の公園や市街地などにもたくさん生息しています。これは公園や街路樹などにクスノキが多く植栽されていて、幼虫の食樹になっているからです。
　横浜では増えてきている蝶です。

《分布》　横浜市全域
《食草・食樹》　クスノキ科植物（クスノキ、シロダモ、ヤブニッケイなど）です。
《年間の発生回数》　年に4〜5回発生します。
《成虫の出現時期》　4月下旬から11月上旬頃まで見られます。
《越冬態》　蛹で越冬します。
《名前の由来》　翅の上下を貫く青緑色の帯が特徴で、アオスジアゲハと名付けられ
　　　　　　　　ました。

食草　蝶の幼虫の食物は、種によって決まっています。食草が樹木の場合は、食樹と
　　　呼ばれることもあります。

12

横浜市戸塚区　2018.3.27

幼虫 2018.5.10

アゲハ

Papilio　xuthus

庭で見られる蝶

　庭を元気よく飛び回るアゲハ。人家の庭に植えられた柑橘類、カラタチなどを幼虫が食べて育つため、街中でも人家の庭でも発生しており、よく知られた蝶です。

≪分布≫　横浜市全域

≪食草・食樹≫　ミカン科植物（ミカン類、サンショウ、カラタチなど）です。

≪年間の発生回数≫　年に4～5回発生します。

≪成虫の出現時期≫　3月下旬から11月上旬頃まで見られます。

≪越冬態≫　蛹で越冬します。

≪名前の由来≫　羽を上に揚げている状態でふるわせていることからアゲハと名付けられました。（揚羽）

2018.7.27（橋山剛二氏撮影 平塚市）

2018.9.11 横浜市磯子区

オナガアゲハ

Papilio macilentus

目にする機会の少ない蝶

　林内の小川が流れる脇にコクサギが群生していました。木漏れ日が差し込む空間をオナガアゲハが舞っていました、湿地にも舞い降りて、羽ばたきながら吸水していました。

　横浜では見かけることが少ない蝶です。

≪分布≫　横浜市の一部

≪食草・食樹≫　ミカン科植物（コクサギ、カラスザンショウなど）であるが、特にコクサギを好む傾向にあります。

≪年間の発生回数≫　年に２回発生します。

≪成虫の出現時期≫　５月から９月頃まで見られます。

≪越冬態≫　蛹で越冬します。

≪名前の由来≫　尾(尾状突起)が長いアゲハなので、オナガアゲハと名付けられました。

横浜市戸塚区　2016.5.1

横浜市戸塚区　2017.8.4

カラスアゲハ

Papilio　dehaanii

鮮やかな色合い

　翅表は黒地に緑色や青藍色の鱗粉が輝く美しい蝶です。緑と青、赤や金色と鮮やかな色合いです。

　オスは吸水性が強く、よく吸水しているところが見られます。

　写真のように、真夏の暑い日などは、樹林地内で翅を広げて休んでいるところが見られます。

　横浜では数は多くはないですが、山地や樹林地などで見られます。

≪分布≫　局地的
≪食草・食樹≫　ミカン科植物（コクサギ、キハダ、カラスザンショウなど）です。
≪年間の発生回数≫　年に３回発生します。
≪成虫の出現時期≫　４月中旬頃から10月上旬頃まで見られます。
≪越冬態≫　蛹で越冬します。
≪名前の由来≫　黒っぽいので鳥（からす）に例えてカラスアゲハと名付けられました。

横浜市保土ケ谷区　2018.9.19

横浜市磯子区　終齢幼虫 2018.8.31

キアゲハ

Papilio　machaon

大きなイモムシ

　キアゲハほど分布の広い種も少ないでしょう。住宅地、湿地、草地、耕作地、樹林地のどこでも見られますが、明るい場所を好みます。

　　畑のニンジンの葉を食べて丸々と太った幼虫がいました。黄色と黒の縞模様は、鳥などの天敵の目をくらます効果があるとされています。

≪分布≫　横浜市全域

≪食草・食樹≫　セリ科植物（セリ、ニンジン、シシウドなど）です。

≪年間の発生回数≫　年に3～4回発生します。

≪成虫の出現時期≫　4月上旬から10月頃まで見られます。

≪越冬態≫　蛹で越冬します。

≪名前の由来≫　アゲハに似ていて、黄色みが強いのでキアゲハと名付けられました。

齢 数

　幼虫は、卵から孵化した最初のものを1齢、以後脱皮をするたびに2齢、3齢とだんだんと成長していきます。5齢幼虫といえば、4回脱皮したものをさします。蛹になる前の齢数の幼虫を「終齢幼虫」といいます。蝶では5齢が終齢となる種が多いです。「若齢幼虫」「中齢幼虫」というのは漠然とした呼び方ですが、5齢が終齢の幼虫の場合なら、1〜2齢を若齢、3〜4齢を中齢と呼ぶことが多いです。

キアゲハの幼虫

　キアゲハの幼虫は、若齢のうちは黒と白の色彩をしていて鳥の糞に似ていますが、終齢になると緑色に黒のしま模様で、黒いしまの部分にオレンジ色の斑点も付きます。

　体を刺激するとオレンジ色の角のような物を出します。臭角と言います。

臭角

1齢幼虫

2齢幼虫

3齢幼虫

4齢幼虫

5齢幼虫

（成虫）

横浜市鶴見区 2018.6.22

クロアゲハ

Papilio protenor

「かまくらちょう」と呼ばれていた蝶

　　住宅地から樹林地まで、普通に見られる暖地性の黒い大型の蝶です。

　　横浜でクロアゲハなど黒っぽいアゲハ類を「かまくらちょう」と呼んでいたことが古くから知られています。

　　鎌倉でかまくらちょうと(昔から)言われていたのが、鎌倉道を通して横浜に文化の一つとして入ってきたと思われます。

　　≪分布≫　横浜市全域

　　≪食草・食樹≫　ミカン科植物（ミカン類、サンショウなど）です。

　　≪年間の発生回数≫　年に3〜4回発生します。

　　≪成虫の出現時期≫　4月から10月頃まで見られます。

　　≪越冬態≫　蛹で越冬します。

　　≪名前の由来≫　黒い色をしたアゲハなのでクロアゲハと名付けられました。

メス 2016.7.29

横浜市戸塚区 オス 2018.4.14

ジャコウアゲハ

Atrophaneura alcinous

オオバウマノスズクサ

食草で身を守る

　ジャコウアゲハの幼虫の食草はウマノスズクサ科植物です。この植物は毒性のあるアリストロキア酸を含み、幼虫はこの葉を食べ、体内に毒を蓄積します。ジャコウアゲハを食べた鳥は中毒を起こし、ジャコウアゲハを捕食しなくなります。体内に毒を貯えて鳥に捕食されるのを防いでいるのです。

≪分布≫　横浜市全域
≪食草・食樹≫　ウマノスズクサ科植物 (ウマノスズクサ、オオバウマノスズクサ)
　　　　　です。
≪年間の発生回数≫　年に3回発生します。
≪成虫の出現時期≫　4月から10月上旬頃まで見られます。
≪越冬態≫　蛹で越冬します。
≪名前の由来≫　成虫 (オス) が腹部から香水のような匂いを放つことからジャコ
　　　　　ウアゲハと名付けられました。

横浜市磯子区　2018.9.11

ナガサキアゲハ

Papilio　memnon

シーボルトが長崎で発見し命名

　アゲハチョウ科では少ない尾状突起を持たない個体(無尾型)で、前翅裏面の付け根に赤い紋を持っています。

　暖地性の蝶(九州、四国地方に棲む)で、2000年頃までは横浜には生息していなかったが地球温暖化などに伴って北上し、横浜でも普通に見られるようになりました。

　シーボルトが命名した蝶です。

≪分布≫　横浜市全域
≪食草・食樹≫　ミカン科植物（ミカン、ユズ、キンカンなど）です。
≪年間の発生回数≫　年に3回発生します。
≪成虫の出現時期≫　5月から10月頃まで見られます。
≪越冬態≫　蛹で越冬します。
≪名前の由来≫　シーボルトが長崎で発見したのでナガサキアゲハと名付けられました。

シーボルト　ドイツの医師・植物学者。文政6年(1823年)長崎出島のオランダ館付き医師として着任しました。（1796～1866年）

コラム

南方系の蝶が北上

ナガサキアゲハ

ツマグロヒョウモン

クロコノマチョウ

ムラサキツバメ

マテバシイ(横浜市児童遊園地)

　近年、横浜市内各地で見られる蝶に、ナガサキアゲハ(食樹はミカン科植物)、ツマグロヒョウモン(食草はスミレ類、パンジーなど)、クロコノマチョウ(食草はススキ、ジュズダマなど)、ムラサキツバメ(食樹はマテバシイ) が加わりました。

　これらの南方系の蝶は、横浜でも2000年(平成12年)頃から見られるようになりました。その原因は地球温暖化や都市のヒートアイランド現象などが考えられています。また、幼虫が食べる植物が人工的に栽培されていることも定着の原因とされています。

　ムラサキツバメの食樹はマテバシイです。本来、関東地方には分布しない樹木ですが横浜の公園や街路樹にたくさん植えられています。

横浜市緑区　2018.4.10

ミヤマカラスアゲハ

Papilio　maackii

目にする機会の少ない蝶

　翅表は黒地にちりばめられた細やかな緑や青・赤の鱗粉が、とても美しい蝶です。後翅裏面の黄白色帯が特徴で、カラスアゲハとの区別点になります。

　山水がしみ出した山道などで吸水する姿がよく見られます。ツツジなどの花で吸蜜する姿も観察できます。

≪分布≫　局地的
≪食草・食樹≫　ミカン科植物（キハダ、カラスザンショウなど）です。
≪年間の発生回数≫　年に2〜3回発生します。
≪成虫の出現時期≫　4月から9月頃まで見られます。
≪越冬態≫　蛹で越冬します。
≪名前の由来≫　深山（みやま）・山地性のカラスアゲハなので、ミヤマカラスアゲハ
　　　　　　　と名付けられました。

横浜市戸塚区　2019.9.14

モンキアゲハ

Papilio　helenus

横浜市旭区　2019.9.16

暖地性の蝶

　後ろ翅に大きな黄白色の紋を持つ大型の蝶です。市街地から郊外まで普通に見られますが、海岸側の地域にたくさんいます。「蝶道」を形成する傾向があり、夏型は樹林地内をぬうように飛んでいることが多いです。

≪**分布**≫　横浜市全域
≪**食草・食樹**≫　ミカン科植物（カラスザンショウ、カラタチなど）です。
≪**年間の発生回数**≫　年に2〜3回発生します。
≪**成虫の出現時期**≫　4月下旬から10月上旬頃まで見られます。
≪**越冬態**≫　蛹で越冬します。
≪**名前の由来**≫　後ろ翅に黄白色の紋があることからモンキアゲハと名付けられました。

蝶道　モンキアゲハなどは一定方向から、次々に飛んできて、一定の方向へ飛び去ります。この状況を「蝶には道がある」と考えて蝶道と言います。

クロコノマチョウ幼虫脱皮の瞬間
2018.8.10 保土ケ谷区

シロチョウ科

2018.9.2 横浜市栄区 キタキチョウ吸蜜

横浜市戸塚区　2018.7.25

キタキチョウ
Eurema mandarina

越冬中　横浜市戸塚区　2018.2.20

改名された蝶

　かつてはキチョウと呼ばれていましたが、種の研究が進み、現在は南西諸島に生息するミナミキチョウと南西諸島以北に生息するキタキチョウの2種類に分化されました。

　住宅地から山地まで見られ、住宅の庭でもよく飛んでいます。

　成虫で越冬し、真冬でも暖かい日には飛ぶことがあります。

≪分布≫　横浜市全域

≪食草・食樹≫　マメ科植物（ハギ類、ネムノキなど）です。

≪年間の発生回数≫　年に5～6回発生します。

≪成虫の出現時期≫　新しい成虫は5月下旬から12月頃まで見られます。

≪越冬態≫　成虫で越冬します。

≪名前の由来≫　北（きた）にいる黄（き）色い蝶なのでキタキチョウと名付けられました。

成虫で越冬する蝶

蝶の舞う姿が見られるのは主に春から秋ですが、冬の間も生きています。葉の裏や枯れ草の間などで冬を越しています。

横浜ではウラギンシジミ、ムラサキシジミ、ムラサキツバメ、アカタテハ、キタキチョウ、ツマグロキチョウ、キタテハ、クロコノマチョウ、テングチョウ、ヒオドシチョウ、ルリタテハの11種類が成虫で越冬しています。ムラサキツバメは葉の表面で集団となって冬越ししていました。

ムラサキツバメ越冬集団
2018.12.4 栄区小菅ヶ谷北公園

ウラギンシジミ 2018.1.9	ムラサキシジミ 2018..1.9	ムラサキツバメ 2018.1.9	アカタテハ 2018.3.15
キタキチョウ 2018.3.4	キタテハ 2018.2.4	クロコノマチョウ 2018.4.7	テングチョウ 2018.2.4
ヒオドシチョウ 2018.3.22	ルリタテハ 2018.3.25		

横浜市神奈川区 2016.4.3

横浜市港南区 2019.4.1

スジグロシロチョウ

Pieris melete

モンシロチョウではありません

　この蝶をモンシロチョウと思っていませんか。モンシロチョウとよく似ていたり、知名度も低かったりしてしばしばモンシロチョウに間違えられます。

　市街地周辺から山地まで生息していますが、比較的うす暗い場所を好み、こうした場所ではモンシロチョウよりも多く見られます。

　スジグロという名前のとおり、翅に黒いすじがあることで、モンシロチョウと見分けられます。

≪分布≫　横浜市全域

≪食草・食樹≫　アブラナ科植物（イヌガラシ、タネツケバナなど）です。野生のアブラナ科植物を好みます。

≪年間の発生回数≫　年に5〜6回発生します。

≪成虫の出現時期≫　3月中旬頃から11月頃まで見られます。

≪越冬態≫　蛹で越冬します。

≪名前の由来≫　翅脈が黒い（すじぐろ）シロチョウなのでスジグロシロチョウと名付けられました。

横浜市戸塚区　オス 2018.4.13

メス　2018.4.4

ツマキチョウ

Anthocharis　scolymus

スプリングエフェメラル

　早春に見られるエキゾチックな蝶です。スジグロシロチョウなどにまじって飛んでいることが多いですが、やや小型なのと翅を小刻みに動かして直線的に飛ぶので、慣れてくると本種だとわかります。

≪分布≫　横浜市全域
≪食草・食樹≫　アブラナ科植物（タネツケバナ、イヌガラシなど）です。
≪年間の発生回数≫　年に１回発生します。
≪成虫の出現時期≫　３月下旬から４月いっぱいまで見られます。
≪越冬態≫　蛹で越冬します。
≪名前の由来≫　オスの翅の先端(つま)部が黄(き)色なので、ツマキチョウと名付けられました。

スプリングエフェメラル　「スプリングエフェメラル」とは早春の一時だけ姿を現すこと。「春先のはかない命」という意味です。その蝶がツマキチョウなどです。一年に一度しか出現しない蝶で、３月下旬頃から４月いっぱいくらいの間しかお目にかかることができません。

ツマグロキチョウ

Eurema laeta

横浜では稀な蝶

　キタキチョウとかなり似ていますので、かつては混同されていました。形態としては、大きさがより小型、前翅の先端がとがる点、また、後翅裏面に薄い灰色の波状のラインが入る点で区別できます。

　全国的に少なくなっていて、絶滅が心配されています。神奈川県では絶滅危惧種に指定されています。

《分布》　局地的
《食草・食樹》　マメ科植物（カワラケツメイなど）です。
《年間の発生回数》　年に3〜4回発生します。
《成虫の出現時期》　5月から11月頃まで見られます。
《越冬態》　成虫で越冬します。
《名前の由来》　翅のつま先が黒いことからツマグロキチョウと名付けられました。

横浜市戸塚区　2019.6.12 交尾

横浜市青葉区　2018.9.1

モンキチョウ

Colias　erate

草地に舞う蝶

　人家周辺から公園、田畑、山地など、開けた環境、日当たりのよい草地に広く生息しています。

　よく見ると、翅が薄桃色の毛で縁取られていて、品格のある蝶です。

　メスは、オスに比べて白っぽいが、オスのように黄色いタイプもいるので間違うことがあります。

≪分布≫　横浜市全域

≪食草・食樹≫　マメ科植物（シロツメクサ、クサフジ、ダイズなど）です。

≪年間の発生回数≫　年に4〜5回発生します。

≪成虫の出現時期≫　3月中旬から11月頃まで見られます。

≪越冬態≫　幼虫で越冬します。

≪名前の由来≫　黄（き）色の翅に紋（もん）が入っているのでモンキチョウと名付けられました。

横浜市磯子区 2016.4.9

横浜市泉区 2018.7.14

モンシロチョウ

Pieris　rapae

ちょうちょの歌

　『ちょうちょう　ちょうちょう　なのはにとまれ‥』の歌の蝶です。

　よく知られた蝶で、幼虫は「アオムシ」と呼ばれています。キャベツなどの害虫としても知られています。

　キャベツやアブラナなどが栽培されている畑の周辺を飛翔している姿が見られます。明るい環境を好み、日あたりのよい畑や草地で観察できます。

≪分布≫　横浜市全域

≪食草・食樹≫　　アブラナ科植物（キャベツ、ダイコン、アブラナなどの栽培種や
　　　　　　　　　イヌガラシ、タネツケバナなど）です。

≪年間の発生回数≫　年に6〜7回発生します。

≪成虫の出現時期≫　3月から11月頃まで見られます。

≪越冬態≫　蛹で越冬します。

≪名前の由来≫　黒い紋（もん）のある白い（しろ）蝶なのでモンシロチョウと名付け
　　　　　　　　られました。

シジミチョウ科

2018.9.16 横浜市神奈川区 イチモンジセセリ交尾

横浜市栄区　越冬中 2018.12.4

オス 2018.11.3

メス 2018.11.10

ウラギンシジミ

Curetis　acuta

翅の裏は銀色一色

　種名の由来になった「裏銀」、翅の裏面は銀色一色ですが、オスは翅表が橙赤色、メスは灰白色です。

　林縁や梢をキラキラと光らせて素早く飛んでいます。

　成虫で越冬するため、晩秋には常緑樹で越冬体勢に入っている個体を見つけられますが、寒さに耐えられないで春を待たずに消えてしまうものも多いようです。

≪分布≫　横浜市全域

≪食草・食樹≫　マメ科植物（クズ、フジなど）です。蕾や花を食べます。

≪年間の発生回数≫　年に2〜3回発生します。

≪成虫の出現時期≫　冬でも見られますが、6月頃と9〜10月にたくさん見られます。

≪越冬態≫　成虫で越冬します。

≪名前の由来≫　翅の裏(うら)が銀(ぎん)色をしているシジミチョウなので、ウラギン
　　　　　　　シジミと名付けられました。

横浜市戸塚区　2018.5.26

アカシジミ

Japonica　lutea

ゼフィルス

　日中はほとんど活動しません。樹上や下草に止まっています。夕方日が落ちる頃になると、コナラやクヌギを主体にする雑木林の周辺を活発に飛ぶ姿が見られます。

　本種はゼフィルスの仲間です。

≪**分布**≫　横浜市の一部
≪**食草・食樹**≫　ブナ科植物（コナラ、クヌギ、カシワなど）です。
≪**年間の発生回数**≫　年に１回発生します。
≪**成虫の出現時期**≫　５月下旬から６月頃まで見られます。
≪**越冬態**≫　卵で越冬します。
≪**名前の由来**≫　翅の地色が橙色をしていることから、アカシジミと名付けられました。

西風の神・ゼフィルス

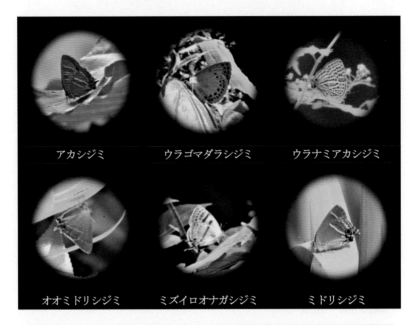

アカシジミ　　　　ウラゴマダラシジミ　　　ウラナミアカシジミ

オオミドリシジミ　　ミズイロオナガシジミ　　　ミドリシジミ

　シジミチョウ科ミドリシジミ族のことを、愛好家がゼフィルスと呼んでいます。
ゼフィルスとはギリシャ神話に登場する西風の精を意味します。
　横浜ではアカシジミ、ウラゴマダラシジミ、ウラナミアカシジミ、オオミドリシ
ジミ、ミズイロオナガシジミ、ミドリシジミの6種類の平地産ゼフィルスが生息し
ています。
　年1回の発生でこの時期を逸すると、見ることができない貴重な種類の蝶です。

　アカシジミ、ウラナミアカシジミ、オオミドリシジミ、ミズイロオナガシジミ
の幼虫の食樹はブナ科植物(クヌギ、コナラなど)ですので、雑木林などに生息し
ています。ウラゴマダラシジミの食樹はキンモクセイ科植物(イボタノキ)ですの
で、イボタノキがある周辺にいます。ミドリシジミの食樹はカバノキ科植物(ハン
ノキなど)ですので、ハンノキがある所に生息しています。

横浜市緑区 2018.5.20

横浜市緑区　2018.5.20

横浜市戸塚区　卵　2018.6.16

ウラゴマダラシジミ

Artopoetes　pryeri

特異な形の卵

　イボタノキの枝にウラゴマダラシジミの卵が産み付けられてありました。1mm ほどの卵(産みたて)はえんじ色をしていました。

　卵が産み付けられるのは５月下旬から６月中旬頃で、それから翌年の２月下旬頃まで卵のまま過ごします。

　最近では見つけることが難しくなっています。

≪分布≫　　局地的

≪食草・食樹≫　　モクセイ科植物(イボタノキ、オオイボタノキ)です。

≪年間の発生回数≫　　年に１回発生します。

≪成虫の出現時期≫　　５月下旬から６月まで見られます。

≪越冬態≫　　卵で越冬します。

≪名前の由来≫　　翅裏の外縁部に黒点列があり、この色調からウラゴマダラシジミと
　　　　　　　　名付けられました。

横浜市戸塚区　2018.5.22

横浜市青葉区　幼虫 2018.5.10

ウラナミアカシジミ

Japonica　saepestriata

クリの開花期に出現する蝶

　アカシジミに似ていますが、翅の裏にゼブラ模様をもっているのですぐわかります。

　出現期はクリの開花期と一致していて、クリの花によく集まります。

　昼間は葉上でじっとしていることが多く、夕方に雑木林内を活発に飛びます。

　あまり目にすることが少ない幼虫を観察しました。薄緑色のワラジのような形で背中に突起がありました。

　本種はゼフィルスの仲間です。

≪分布≫　横浜市の一部

≪食草・食樹≫　ブナ科植物(コナラ、クヌギなど）です。

≪年間の発生回数≫　年に１回発生します。

≪成虫の出現時期≫　５月下旬から６月頃まで見られます。

≪越冬態≫　卵で越冬します。

≪名前の由来≫　翅裏(うら)に黒いしま模様が波(なみ)のような感じに入っているのでウラナミアカシジミと名付けられました。

横浜市港北区　2014.9.21

ウラナミシジミ

Lampides boeticus

横浜市金沢区 2016.10.31

秋を告げる蝶

　春から夏にかけてはほとんど姿を見ることはできませんが、鳴く虫の声が聞こえてくる初秋(9月初め頃)になると急に見られるようになります。9月から10月頃はコセンダングサや各種の花で吸蜜するウラナミシジミをたくさん見ることができます。

　ウラナミシジミは飛翔力があり、飛び方も速いです。

≪分布≫　横浜市全域

≪食草・食樹≫　マメ科植物（ダイズ、アズキ、クズなど）です。栽培種のマメ類を好みます。

≪年間の発生回数≫　年に3回程？発生します。

≪成虫の出現時期≫　7月から12月下旬頃まで見られます。

≪越冬態≫　（横浜では）越冬できないと言われています。

≪名前の由来≫　翅の裏(うら)にさざ波(なみ)模様があるシジミチョウなので、ウラナミシジミと名付けられました。

横浜市戸塚区　オス 2017.6.11

横浜市青葉区　メス 2018.6.17

オオミドリシジミ

Favonius orientalis

朝日に輝くメタリックグリーン

　雑木林でオオミドリシジミが飛翔していました。青みがかったメタリックグリーン(オス)の翅表が、陽に明るく輝いていました。

　午前中に活動し、オスが早朝占有性を示して集団飛翔することがあります。

　オスの翅表はとても鮮やかな色をしていますが、メスの翅表は非常に地味であり、灰褐色の地色に前翅に赤褐色の斑紋があります。

　本種はゼフィルスの仲間です。

《分布》　横浜市の一部

《食草・食樹》　ブナ科植物（コナラ、クヌギなど）です。

《年間の発生回数》　年に1回発生します。

《成虫の出現時期》　6月から7月上旬頃まで見られます。

《越冬態》　卵で越冬します。

《名前の由来》　ミドリシジミよりやや大きいのでオオミドリシジミと名付けられました。

横浜市青葉区　2018.6.24

ゴイシシジミ

Taraka　hamada

2018.6.24

肉食性の蝶

　ゴイシシジミの幼虫は、笹や竹に付くアブラムシを食べて育つという変わった生態を持ちます。成虫もアブラムシの排出する汁(分泌液)を吸います。このアブラムシの大発生とともにゴイシシジミも大発生し、アブラムシがいなくなると姿を消します。

　最近では、生息地が少なくなっているのが心配です。

≪分布≫　局地的
≪食餌≫　ササやタケなどに付くアブラムシ(ササコナフキツノアブラムシなど)です。
≪年間の発生回数≫　年に4〜5回発生します。
≪成虫の出現時期≫　5月から10月まで見られます。
≪越冬態≫　幼虫で越冬します。
≪名前の由来≫　翅裏が白地に黒の碁石(ゴイシ)を並べたように見えるところから
　　　　　　　ゴイシシジミと名付けられました。

ゴイシシジミの一生

ゴイシシジミの産卵から成虫になるまでを観察しました。

産卵の瞬間です。
産卵はササの葉裏の
アブラムシの群れの
中に行われました。

産 卵 (卵を産む)

卵

卵の大きさは 0.4mm
ととても小さいです。

孵 化 (卵がかえる)

幼虫

終齢幼虫です。
幼虫はササに付くア
ブラムシを食べます。
体長は約 10mm です。

蛹 化 (幼虫から蛹になる)

蛹

蛹は葉裏にぴったりと
くっついていました。
体長は 8mm ほどです。

羽 化 (蝶になる)

成虫

幼虫が完全肉食とい
う変った蝶です。餌は
ササなどに付くアブ
ラムシを食べます。成
虫もアブラムシの排
出する汁を吸い、花な
どにはほとんど来ま
せん。

アブラムシ

横浜市緑区　2019.3.27

コツバメ

Callophrys　ferrea

春先だけ会える蝶

　早春、他の蝶に先がけて飛び始めます。気温の低い時は、翅を閉じたまま翅を横に倒して日光浴をします。太陽の向きに翅を傾ける習性があります。

　観察当日、名前の由来になった「燕」が同じ園内の田んぼ上空を飛び回っていました。燕を(本年)初見しました。

　スプリングエフェメラルの蝶で、年に一度春先にだけ現れます。

≪分布≫　局地的

≪食草・食樹≫　ガマズミ科植物 (ガマズミなど) 、ツツジ科植物、バラ科植物(アセ
　　　　　　　ビなど)、ユキノシタ科植物など、かなり広範囲です。

≪年間の発生回数≫　年に1回発生します。

≪成虫の出現時期≫　3月中旬から4月頃上旬まで見られます。

≪越冬態≫　蛹で越冬します。

≪名前の由来≫　黒っぽくてツバメのように俊敏に飛ぶところから、コツバメと名付
　　　　　　　けられました。

横浜市栄区　2014.9.4（平野貞雄氏撮影）

シルビアシジミ

Zizina　emelina

横浜市栄区　2014.9.11（平野貞雄氏撮影）

見ることが難しくなっている蝶

　ヤマトシジミによく似ていますが、オスの翅表の青色が強いことや、後翅裏面の黒斑列の並び方が異なることから区別されます。

　河川の堤防や海岸の草地等に生息しますが、生息地はある程度限られます。全国的に減少傾向が著しい種です。

≪分布≫　局地的

≪食草・食樹≫　マメ科植物（ミヤコグサなど）です。

≪年間の発生回数≫　年に3回程度発生します。

≪成虫の出現時期≫　5月頃から11月頃まで見られます。

≪越冬態≫　幼虫で越冬します。

≪名前の由来≫　医学博士、蝶の研究家「中原和郎氏（1896年〜1976年）」の娘シル
　　　　　　　　ビア令嬢に由来命名されました。

オス 2018.9.22

横浜市栄区　2016.4.22 交尾

ツバメシジミ

Everes　argiades

メス 2018.4.29

『ツバメ』の名

　ルリシジミによく似ていますが、後翅に小さく突出した尾状突起があることや、その付け根に橙色斑をもつことで区別ができます。

　オスは翅表面が青紫色で外縁に黒帯があります。メスは黒褐色ですが、春先では青藍色が発達した個体が見られます。

　シロツメクサのある日当たりのよい草地などで見られます。

　後翅の端に尾状の突起があるので、「ツバメ」の名が付けられています。空を飛ぶツバメの尾に似ているからでしょう。

≪分布≫　横浜市全域

≪食草・食樹≫　マメ科植物（シロツメクサ、カラスノエンドウなど）です。

≪年間の発生回数≫　年に4～5回発生します。

≪成虫の出現時期≫　4月から10月まで見られます。

≪越冬態≫　幼虫で越冬します。

≪名前の由来≫　後翅にある尾状突起にちなんでツバメシジミと名付けられました。

横浜市青葉区　春型　2018.3.31

横浜市戸塚区　夏型　2018.6.22

トラフシジミ

Rapala　arata

春型夏型の違い

　同じ種でも、成虫の現れる季節によって、翅の色が異なる場合があります。季節型といいます。春に現れる個体は、翅の裏面の「トラフ」が白と灰赤色のしま模様でとてもきれいです。夏の個体は白色部が暗化ししまがあまり目立たなくなります。

　数多く見られる種ではありません。

≪分布≫　横浜市全域

≪食草・食樹≫　マメ科植物(フジ、クズなど)、ユキノシタ科植物(ウツギなど)、バラ科植物(サクラなど)などの広範囲な植物の蕾、花、実などを食べます。

≪年間の発生回数≫　年に2回発生します。

≪成虫の出現時期≫　春型は4月から5月、夏型は6月から7月に見られます。

≪越冬態≫　蛹で越冬します。

≪名前の由来≫　翅裏の模様を虎の模様に見立て虎斑(トラフ)と名付けられました。

季節型　1年間に何回も世代をくり返す蝶の場合、色彩や斑紋に明らかな差があるときにそれぞれの出現期にあわせて春型、夏型、秋型などと呼びます。

横浜市港南区　夏型 2018.6.16

ベニシジミ

Lycaena　phlaeas

横浜市金沢区　春型 2018.4.17

日焼け？している夏型

　草地であればたいていの場所で見られます。地上近くを敏速に飛翔します。
　春型は翅表の赤橙色が鮮やかで、一般に後翅に小さな青色紋を持ちます。夏に
出現する夏型は、春型より橙色の面積が少なく、黒っぽく(赤黒色)なります。秋
になると再び鮮やかさを増します。

≪**分布**≫　横浜市全域
≪**食草・食樹**≫　タデ科植物（スイバ、ギシギシなど）です。
≪**年間の発生回数**≫　年に４回程発生します。
≪**成虫の出現時期**≫　３月から12月上旬頃まで見られます。
≪**越冬態**≫　蛹で越冬します。
≪**名前の由来**≫　赤色(ベニ)をしたシジミチョウなので、ベニシジミと名付けられま
　　　　した。

横浜市青葉区 2018.6.17

横浜市港北区　卵 2018.12.9

ミズイロオナガシジミ

Antigius　attilia

雑木林を体表する蝶

　　翅裏は白っぽく、黒い帯が2本入っている特徴ある斑紋をしています。

　　昼間は葉上で止まっていることが多く、早朝と夕方に活発に活動しますが、夕方が主です。

　　卵は小枝や幹に1卵ずつ産み付けられます。全体が突起で覆われていて、他の卵にない形をしています。だ円形で直径は0.9mm程です。

　　本種はゼフィルスの仲間です。

《分布》　横浜市の一部

《食草・食樹》　ブナ科植物（クヌギ、コナラなど）です。

《年間の発生回数》　年に1回発生します。

《成虫の出現時期》　5月下旬から6月頃まで見られます。

《越冬態》　卵で越冬します。

《名前の由来》　水色（裏面）で尾（尾状突起）が長いからミズイロオナガシジミと名
　　　　　　　　付けられました。

横浜市戸塚区　オス 2013.6.6

ミドリシジミ

Neozephyrus japonicus

横浜市戸塚市メスAB型　2018.6.4(中山秀子氏撮影)

金緑色の輝き

　オスの翅表は鮮やかな光沢のある金属的な緑色に輝いています。

　メスの翅表には赤い紋を持つA型、青い紋を持つB型、その両方を持つAB型、紋のないO型の4タイプがあります。

　ハンノキ(食樹)の生える湿地にいて、食樹付近を飛び、発生地から離れることはほとんどありません。

　夕方活発に活動します。

　本種はゼフィルスの仲間です。

≪分布≫　横浜市の一部

≪食草・食樹≫　カバノキ科植物（ハンノキ、ヤマハンノキなど）です。

≪年間の発生回数≫　年に1回発生します。

≪成虫の出現時期≫　5月下旬から7月上旬頃まで見られます。

≪越冬態≫　卵で越冬します。

≪名前の由来≫　オスの翅表が金緑(みどり)色なので、ミドリシジミと名付けられました。

ミドリシジミの観察記録

横浜のある公園で、ミドリシジミの成長していく様子を観察しました。

越冬卵を見たのですが、実際、新卵は(前年の)6月末頃から見られます。

蛹の発見は難しく、今まで見たことがなかったのですが、見つけることができて嬉しかったです。13mm位の大きさでした。

幼虫がハンノキの葉を食べるので、ハンノキの生えている所が観察場所です。

※（観察したのは）同一個体ではありません。

① 卵
ハンノキの幹に産み
付けられていました。
1mm弱の大きさでした。

2018.1.6

2018.4.21

②巣の中で暮らす幼虫
　ハンノキの若葉をつづって作った巣の中に幼虫がいました。幼虫の大きさは20mm弱でした。

③樹を降りる幼虫
　蛹化のため、樹の根元に移動していました。

④落葉裏の蛹
　樹の根元の落葉裏で蛹になっていました。

⑤きれいな成虫
　翅表は金緑色、
　翅裏もきれい
　でした。

2018.4.30

2018.5.27

2018.5.6

横浜市南区　2018.6.2

横浜市西区　2017.11.1

ムラサキシジミ

Arhopala　japonica

街中の蝶

　翅の裏面は地味ですが、翅を開いて止まっている時は紫色が太陽光線に映えて美しいです。

　公園や人家の垣根(生垣)にアラカシ(ムラサキシジミの食樹)が植えられているので、街中でもたくさん生息しています。

　アラカシの新芽に好んで産卵し、秋に個体数が増えます。

≪分布≫　横浜市全域

≪食草・食樹≫　ブナ科植物（アラカシ、コナラなど）ですが、カシ類(アラカシ)を好みます。

≪年間の発生回数≫　年に３回程発生します。

≪成虫の出現時期≫　一年中観察できますが、新しい成虫は６月から１２月上旬頃まで見られます。

≪越冬態≫　成虫で越冬します。

≪名前の由来≫　紫(むらさき)色をしているシジミチョウなので、ムラサキシジミと名付けられました。

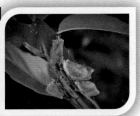

218.12.29栄区　越冬集団

横浜市保土ケ谷区　　2018.4.14　①

2018.11.25　②

ムラサキツバメ

Arhopala　bazalus

オスはどちらでしょうか

　　公園や街路樹、工場用地内の緑地などに生息しています。それはムラサキツ
バメの食樹のマテバシイが多く植栽されているからです。

　　オスの翅表はほぼ全体が暗紫色で、メスは明るい紫色です。写真①をオスと
思われている方が多いと思いますが、メスで、オスは写真②です。

　　冬、ムラサキツバメの越冬集団を観察することができます。

≪分布≫　横浜市全域
≪食草・食樹≫　　ブナ科植物(マテバシイ)です。
≪年間の発生回数≫　　年に3〜4回発生します。
≪成虫の出現時期≫　　新生蝶は5月下旬から6月頃まで、10月から11月頃に見ら
　　　　　　　　　　れます。
≪越冬態≫　　成虫で越冬します。
≪名前の由来≫　　翅表が紫(むらさき)色で尾状突起があるので、ムラサキツバメと
　　　　　　　　名付けられました。

メス 2018.9.23

横浜神奈川区　オス 2018.9.16

ヤマトシジミ

Pseudozizeeria　maha

メス低温期型
横浜市旭区 2018.10.28

横浜で最も頭数の多い蝶

　道ばたや庭でも食草のカタバミが生えています。

　人家周辺、公園、市街地、草地、耕作地、山林などどこでも（カタバミがあれば）ヤマトシジミは生息しています。

　生息域が広い蝶です。

　オスは翅表が青紫色、メスは暗褐色です。ただし、低温期の個体は青色の鱗粉が発達するものが多いです。低温期型と言われています。

　春の訪れとともに出現し、初冬までその姿を見ることができます。

≪分布≫　横浜市全域

≪食草・食樹≫　カタバミ科植物（カタバミ類）です。

≪年間の発生回数≫　年に6～7回程発生します。

≪成虫の出現時期≫　3月中旬から12月中旬頃まで見られます。

≪越冬態≫　幼虫で越冬します。

≪名前の由来≫　日本（大和・やまと）でよく見られるので、ヤマトシジミと名付けられました。

横浜市栄区 2017.6.2(吉山誠一氏撮影)

ルリシジミ
Celastrina argiolus

横浜市磯子区 2018.4.1

集団吸水

　湿った路上でたくさんのルリシジミを見つけました。そっと近付いてみると口吻を伸ばして吸水していました。水分補給だけでなく無機塩類の摂取もしているということです。

≪分布≫　横浜市全域
≪食草・食樹≫　マメ科植物（ハギ、フジ、クズなど）、ミズキ科植物、タデ科植物、
　　　　　　　　バラ科植物、シソ科植物などです。これら多くの植物の蕾、花、葉を
　　　　　　　　食べます。
≪年間の発生回数≫　年に3〜4回発生します。
≪成虫の出現時期≫　3月下旬頃から10月頃まで見られます。
≪越冬態≫　蛹で越冬します。
≪名前の由来≫　翅表が淡い瑠璃（るり）色をしているところからルリシジミと名付
　　　　　　　　けられました。

タテハチョウ科

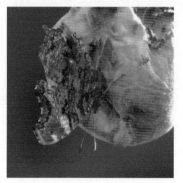

2018.10.2 横浜市旭区 ルリタテハ柿で吸汁

横浜市磯子区　蛹 2018.7.27

横浜市鶴見区　2018.9.23

2018.9.23

アカタテハ

Vanessa　indica

翅裏の模様

　赤い斑紋がとても美しい蝶で、飛んでいるときも、赤色がはっきりと見えてひときわ目をひきます。

　翅裏はほぼ灰褐色で、白くて細い網目模様があります。クモの巣のように見えます。模様は複雑で芸術的なデザインのようで美しいです。

　分布は広く、平地にも山地にも生息しています。

≪**分布**≫　横浜市全域

≪**食草・食樹**≫　イラクサ科植物（カラムシ、コアカソ、イラクサなど）です。

≪**年間の発生回数**≫　年に4～5回発生します。

≪**成虫の出現時期**≫　早春から晩秋まで見られます。

≪**越冬態**≫　成虫で越冬します。

≪**名前の由来**≫　前翅の中程と後翅の縁取りが橙色（あか）をしていることからアカ
　　　　　　　　タテハと名付けられました。

横浜市戸塚区　樹液を吸汁 2017.7.19

柿で吸汁 2015.10.3(加藤周八氏撮影)

アカボシゴマダラ

Hestina　assimilis

蝶の餌

　アカボシゴマダラが口吻を伸ばして樹液や熟した柿の汁を吸っていました。

　クヌギやコナラの樹液によく集まり、かぶと虫やカナブンなどと一緒に吸汁する姿をよく見かけます。また、腐果を好み、吸蜜のために花にくることはありません。成虫の餌は、花の蜜だけとは限りません。蝶によっては樹液、果実、獣糞などを餌にしているものもいます。

　横浜で見られるアカボシゴマダラは外来種(中国産)です。

≪分布≫　横浜市全域

≪食草・食樹≫　ニレ科植物（エノキ）です。

≪年間の発生回数≫　年に3〜4回発生します。

≪成虫の出現時期≫　5月から10月頃まで見られます。

≪越冬態≫　幼虫で越冬します。

≪名前の由来≫　後翅の赤紋が赤い星(あかぼし)のように見えるところから、アカボ
　　　　　　　シゴマダラと名付けられました。

外来種(要注意外来生物)　1998年に神奈川県藤沢市で記録されて以降、分布を拡大しています。現在では関東を中心に定着、静岡県などでも確認されています。

　中国大陸から人為的に持ち込まれた外来の移入種です。

横浜市戸塚区　2017.10.3

アサギマダラ

Parantica　sita

渡りをする蝶

　浅葱色の翅を持つ美しい蝶です。花の上を優雅に舞っている様は感動的です。
　ふわふわと舞うように飛翔し、ヒヨドリバナやフジバカマなどの紫や白色の花を訪れます。
　アサギマダラは幼虫時の体内に蓄積した有毒成分(アルカイド)を成虫になっても持ち続けるため、鳥などに襲われる心配はありません。
　渡りをする蝶として話題になる蝶です。

《分布》　横浜市全域
《食草・食樹》　ガガイモ科植物（キジョラン、カモメヅルなど）です。
《年間の発生回数》　年に2回発生します。
《成虫の出現時期》　5月から11月頃まで見られます。
《越冬態》　幼虫で越冬します。
《名前の由来》　浅葱(あさぎ)色をしたマダラチョウの蝶なのでアサギマダラと名付
　　　　　　　けられました。

旅する蝶

夏、長野県の高原で群れているアサギマダラを見ました。

アサギマダラは「旅する蝶」としてテレビや新聞などで話題になる蝶です。

アサギマダラは春から初夏にかけて沖縄や九州の島々から北上(北上東進)し、夏を本州の高原などで過ごした後、秋には南をめざして(南下西進)移動する蝶です。移動の最長記録は2000kmを超えています。

移動時間は3週間から1か月以上、アサギマダラは他の蝶と違って寿命が4か月以上と長く、気流に乗りやすい飛び方などからこうした長距離移動が可能になります。

近年アサギマダラのマーキング調査(移動を確認する調査)が盛んにおこなわれるようになり、移動先が数多く記録されるようになりました。

鎌倉の広町緑地で蝶を観察中(2015年10月12日)マーキングされたアサギマダラを発見しました。翅に「ミヨタ」「9/23」「SRS」と書かれてありました。書かれていたことを調べると、長野県御代田町から19日かけて141km(直線距離)を移動してきたことがわかりました。

鎌倉稲村ヶ崎上空 2014.10.2
(押上真一氏撮影)

マーキングされたアサギマダラ
鎌倉市広町緑地 2015.10.12

翅には「ミヨタ」などの情報
が記されています

横浜市戸塚区　2018.7.25

イチモンジチョウ

Limenitis　camilla

横浜市旭区 2018.5.12

個体数が多くない蝶

　翅表は黒褐色で、前翅と後翅を貫いて中央に一本の白い帯が入っています。
　食草のスイカズラはどこにでもありますが、横浜では個体数がそれほど多くありません。
　樹林地内の陽の当たる場所などで見られます。
　ウツギやヒメジョオンなどの花にやってきます。

≪分布≫　局地的
≪食草・食樹≫　スイカズラ科植物（スイカズラ、ハコネウツギなど）です。
≪年間の発生回数≫　年に3〜4回発生します。
≪成虫の出現時期≫　5月中旬から9月頃まで見られます。
≪越冬態≫　幼虫で越冬します。
≪名前の由来≫　一本の帯（白帯）があるからイチモンジチョウと名付けられました。

横浜市戸塚区　2011.9.29

ウラギンスジヒョウモン

Argyronome laodice

山地草原性の蝶

　山間の明るい草地に多く生息し、様々な花を訪れます。

　6月頃から現れますが、盛夏には見られず、秋口にまた見られます。この夏眠習性はヒョウモン類に多いです。

　一度しか観察したことがありません。横浜で発生したのでなく、近隣(丹沢山地など)から飛来したものと思われます。

≪分布≫　横浜では発生していないと思われます。

≪食草・食樹≫　スミレ科植物（スミレ類など）です。

≪年間の発生回数≫　年に1回発生します。

≪成虫の出現時期≫　6月から10月頃まで見られます。

≪越冬態≫　卵または幼虫で越冬します。

≪名前の由来≫　後翅の裏に銀色の筋模様があるので、ウラギンスジヒョウモンと名付けられました。

横浜市緑区　2015.10.3(井原伸一氏撮影)

オオウラギンスジヒョウモン

Argyronome　ruslana

森林性の蝶

　前種(P61)ウラギンスジヒョウモンによく似ていますが、よりひと回り大きく飛翔も活発です。
　日当たりのよい草原を好み、各種の花に来ます。オスは吸水性も強いです。
　秋に丹沢山地などから横浜に移動してくる個体も見られます。

≪分布≫　局地的
≪食草・食樹≫　スミレ科植物（タチツボスミレなどのスミレ類）です。
≪年間の発生回数≫　年に１回発生します。
≪成虫の出現時期≫　６月から10月頃まで見られます。
≪越冬態≫　卵または幼虫で越冬します。
≪名前の由来≫　ウラギンスジヒョウモンより大きいので、オオウラギンスジヒョウモンと名付けられました。

横浜市青葉区　2013.7.27

オオムラサキ

Sasakia　charonda

世界に紹介された横浜のオオムラサキ

　日本の国蝶(1957年に選定)、オオムラサキは、里山の雑木林を代表する蝶です。
オスの翅表は、美しい青紫色で、見る角度によって微妙に輝きが増します。
　成虫はクヌギやコナラの樹液に好んで集まりますが、最近は見ることが難しく
なっています。
　文久3年(1863)、英国人ロバート・フォーチュンにより、横浜のオオムラサキ
が世界に紹介されました。

≪分布≫　局地的
≪食草・食樹≫　ニレ科植物(エノキ)です。
≪年間の発生回数≫　年に1回発生します。
≪成虫の出現時期≫　6月から7月に見られます。
≪越冬態≫　幼虫で越冬します。
≪名前の由来≫　大きな紫(オスの翅表)の蝶なので、オオムラサキと名付けられまし
　　　　　た。

横浜市港南区　夏型 2019.5.25

キタテハ

Polygonia　c-aureum

横浜市泉区　秋型 2018.10.31

季節型と翅の色

　季節型がはっきりしていて、翅の色は、夏型(5月から9月中旬頃に発生)はくすんだ黄色、秋型(9月から11月に発生)は赤みを帯びた色です。夏の暑い時期に発生するのと秋の涼しい時期に発生するのとでは翅の色が違います。

　翅形も、夏型に比べて秋型は凹凸が著しくなります。

　各種の花で吸蜜しますが、クヌギの樹液や腐果などにも集まり吸汁します。

≪分布≫　横浜市全域

≪食草・食樹≫　アサ科植物のカナムグラが主です。

≪年間の発生回数≫　年に4～5回発生します。

≪成虫の出現時期≫　ほぼ一年中見られます。

≪越冬態≫　成虫で越冬します。

≪名前の由来≫　黄(き)色のタテハチョウなのでキタテハと名付けられました。

横浜市保土ヶ谷区　夏型　2017.8.4

クロコノマチョウ

Melanitis　phedima

横浜市戸塚区越冬後の個体（秋型）　2019.4.7

枯葉と見分けがつきにくい

　樹林地内や周辺のうす暗い環境に生息しています。日中は林内の落ち葉や樹幹に静止しているが、近づくといきなり飛び立ちます。

　夕方に主に活動するので、昼間の観察では出会うことは少ないです。

　秋の個体は枯葉に似ていて、まるで周りの風景に合わせているようです。

　樹液や腐果などに集まりますがが、花にはきません。

≪分布≫　横浜市全域

≪食草・食樹≫　イネ科植物（ジュズダマ、ススキなど）です。

≪年間の発生回数≫　年に３回発生します。

≪成虫の出現時期≫　夏型は６月下旬から９月頃まで、秋型は９月頃から11月頃まで見られます。

≪越冬態≫　成虫で越冬します。

クロコノマチョウの一生

　クロコノマチョウの産卵から成虫になるまでを観察しました。卵から成虫になるまでは48日かかりました。

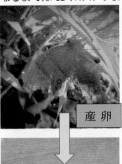

産卵の瞬間です。
ジュズダマの葉裏に
産付されました。

産卵　（卵を産む）　2018.9.1

ジュズダマ(食草)

卵の大きさは1mm弱です。
球形で、真珠状の光沢があ
ります。
卵塊になっています。

卵

孵化　（卵がかえる）

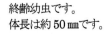

幼虫の顔

終齢幼虫です。
体長は約50mmです。

幼虫

蛹化　（幼虫から蛹になる）

羽化したての時以外は
開翅することはありま
せん。

葉裏に蛹を作ります。
体長は約50mmです。

2018.10.18

蛹　　**羽化**　（蝶になる）　**成虫**

横浜市青葉区　2018.7.15

横浜市青葉区　2018.5.12

クロヒカゲ

Lethe　diana

ササのあるうす暗い林で生活

　翅色は黒褐色で、翅裏面は暗紫色のふちどりを持つ眼状紋があります。
　ササの自生する暗い樹林地内や林縁を活発に飛翔します。
　ヒカゲチョウによく似ていますが、クロヒカゲは後翅裏面の大きな眼状紋のすぐ内側を走る曲線が外側に深く食い込むように曲がっています。

≪分布≫　横浜市北西部
≪食草・食樹≫　イネ科植物（ササ、メダケ属）です。
≪年間の発生回数≫　年に３回発生します。
≪成虫の出現時期≫　４～５月に第１化の成虫が発生し、その後、７～８月と９～10月
　　　　　　　　　　に発生します。
≪越冬態≫　幼虫で越冬します。
≪名前の由来≫　黒（くろ）っぽい色をしたヒカゲチョウなのでクロヒカゲと名付け
　　　　　　　　られました。

横浜市戸塚区　2019.5.17

コジャノメ

Mycalesis　francisca

横浜市戸塚区　2016.5.2

うす暗い環境を好む蝶

　ヒメジャノメ(P80)によく似ていますが、翅裏の地色が濃く、白色帯がやや紫藍色がかるところで見分けることができます。

　コジャノメは後翅表に眼状紋がありますが、ヒメジャノメにはありません。

　ヒメジャノメが比較的明るい場所や住宅地などにもいるのに対して、コジャノメは蝶があまりいない照葉樹林内部などのうす暗いところに好んで生息しています。

≪分布≫　横浜市全域
≪食草・食樹≫　イネ科植物（ススキ、チジミザサなど）です。
≪年間の発生回数≫　年に2〜3回発生します。
≪成虫の出現時期≫　5月上旬頃から9月頃まで見られます。
≪越冬態≫　幼虫で越冬します。
≪名前の由来≫　小（こ）型のジャノメチョウだからコジャノメと名付けられました。

横浜市青葉区　2018.7.14

横浜市青葉区　2018.4.30

コミスジ

Neptis　sappho

飛び方に特徴のある蝶

　ミスジチョウの仲間は、みな同じような斑紋をしていますが、白い三本の線の一番上の線の形を見れば区別できます。

　コミスジは飛び方に特徴があります。時々羽ばたき、あとは翅を水平に広げたまま滑空するように飛びます。

≪分布≫　横浜市全域

≪食草・食樹≫　マメ科植物（クズ、ハギ、ネムノキなど）です。

≪年間の発生回数≫　年に３回発生します。

≪成虫の出現時期≫　４月下旬から10月頃まで見られます。

≪越冬態≫　幼虫で越冬します。

≪名前の由来≫　白帯が三本入り（みすじ）、よく似たミスジチョウよりやや小さいことから、コミスジと名付けられました。

横浜市栄区　2012.8.11(中山秀子氏撮影)

コムラサキ

Apatura　metis

紫色の構造色が美しい

　ヤナギ類(食樹)の生える環境に多く生息し、食樹から離れた所ではほとんど見られません。

　樹冠など高い位置を飛翔し、樹液や汚物、人の汗などに集まります。花を訪れることはほとんどありません。

　オスの翅表の紫色は、構造色といって見る角度により、紫色に見える位置や広さが変化します。

≪分布≫　局地的
≪食草・食樹≫　ヤナギ科植物（ヤナギ類）です。
≪年間の発生回数≫　年に1〜2回発生します。
≪成虫の出現時期≫　5月頃から9月頃まで見られます。
≪越冬態≫　幼虫で越冬します。
≪名前の由来≫　よく似ているオオムラサキより小さいのでコムラサキと名付けられました。

横浜市戸塚区 2018.8.1

横浜市戸塚区 2017.7.23

ゴマダラチョウ

Hestina   persimilis

樹冠を飛ぶ蝶

　高い木の上を滑るように飛翔します。特にエノキ周辺の樹冠を飛んでいます。飛んでいても、高い所なので、気づかずに見落としてしまうことが多いです。観察するのが難しい蝶です。

　あまり目にする機会が少ない蝶ですが、クヌギなどの樹液によく集まりますので、こういうところではわりあいと簡単に観察ができます。

　食樹のエノキは街中にもありますので、街中でも結構見られます。

≪分布≫　横浜市全域

≪食草・食樹≫　ニレ科植物（エノキなど）です。

≪年間の発生回数≫　年に2～3回発生します。

≪成虫の出現時期≫　5月中旬から9月中旬頃まで見られます。

≪越冬態≫　幼虫で越冬します。

≪名前の由来≫　地の黒と白（まだら）入り混じっているところからゴマダラチョウ
　　　　　　　と名付けられました。

横浜市鶴見区　2019.5.6　春型

横浜市鶴見区 2018.7.31　夏型

サトキマダラヒカゲ

Neope　goschkevitschii

春型は少なく夏型は多い

　雑木林内などの半日陰に多く、明るい耕作地などを飛ぶことはほとんど見られません。

　春型(4〜6月に羽化)は個体数が少ないですが、夏型(7月下旬〜9月に羽化)は数が多くなり、クヌギやコナラの樹液によく集まり、カナブンなどと一緒に吸汁する姿を見かけます。樹液や腐果を好み、花にくることはほとんどありません。

　日本固有種の蝶です。

≪分布≫　横浜市全域
≪食草・食樹≫　タケ科植物（マダケ、メダケ、クマザサなど）です。
≪年間の発生回数≫　年に2回発生します。
≪成虫の出現時期≫　5月上旬から6月中旬、7月下旬から9月頃まで見られます。
≪越冬態≫　蛹で越冬します。
≪名前の由来≫　人里（さと）近くにいる黄色い斑（きまだら）のあるヒカゲチョウからサトキマダラヒカゲと名付けられました。

横浜市瀬谷区　2019.7.21

ジャノメチョウ

Minois　dryas

草原性蝶の代表種

　通常は前翅に２つ、後翅に１つの眼状紋があります。眼状紋の中心は鮮やかな青色です。

　日当たりのよい草むらや公園の草地などに見られ、草上を低く飛びます。特にススキの草むらが好きな蝶です。

　人が近づくと驚かすように翅をとじたり開いたりします。

　最近は生息地が減ってきています。

≪分布≫　　局地的

≪食草・食樹≫　　イネ科植物（ススキ、スズメノカタビラなど）、カヤツリグサ科植物(ヒカゲスジなど)です。

≪年間の発生回数≫　　年に１回発生します。

≪成虫の出現時期≫　　７月上旬から８月まで見られます。

≪越冬態≫　　幼虫で越冬します。

≪名前の由来≫　　蛇の目（じゃのめ)があるのでジャノメチョウと名付けられました。

メス横浜市泉区 2018.5.12

オス中区 2018.9.23

幼虫 2018.10.14

ツマグロヒョウモン

Argyreus　　hyperbius

派手な体色の幼虫

　ツマグロヒョウモンの幼虫は派手な色彩で、とげ(突起)がありますが毒はありません。

　食草がスミレ類なので、庭先のプランターのパンジーやビオラで幼虫が見つかることがあります。

≪分布≫　横浜市全域

≪食草・食樹≫　スミレ科植物(スミレ類)です。園芸種のパンジーやビオラなども食べます。

≪年間の発生回数≫　年に4〜5回発生します。

≪成虫の出現時期≫　4月下旬から12月上旬頃まで見られます。

≪越冬態≫　幼虫で越冬します。

≪名前の由来≫　メスの前翅先端(つま)が黒(くろ)色でヒョウモン類の蝶なのでツマグロヒョウモンと名付けられました。

横浜市緑区　2018.3.24

横浜市磯子区　2018.8.17

テングチョウ

Libythea lepita

生きた化石

　　成虫越冬していた個体を、新芽の出る前の林縁で見ました。翅の裏は枯れた葉っぱにそっくりでした。3〜4月頃越冬した成虫が陽だまりでよく見られます。

　　北アメリカの第三紀層から、テングチョウの仲間の化石が見つかったことから、テングチョウは「生きた化石」と言われています。

≪分布≫　横浜市全域

≪食草・食樹≫　ニレ科植物（エノキ）です。

≪年間の発生回数≫　年に1回発生します。

≪成虫の出現時期≫　新生蝶は5月下旬から6月頃まで見られ、（夏は殆ど見られない）9月から再び見られます。

≪越冬態≫　成虫で越冬します。

≪名前の由来≫　頭部の先端が鼻状に前に突き出して、天狗（てんぐ）の鼻のように見えるところから、テングチョウと名付けられました。

横浜市戸塚区　2013.6.10

横浜市戸塚区　越冬後の個体 2019.3.30

ヒオドシチョウ

Nymphalis　xanthomelas

長寿の蝶

　翅裏の暗い色彩からは想像もできないくらい、翅表は燃えるような赤が印象的な蝶です。

　6月に発生しますが、少しすると姿が見られなくなります。夏眠(P82 参照)に入り、そのまま翌年の春まで休眠すると言われています。

　成虫のまま 10 か月も生きる長生きの蝶です。

≪分布≫　横浜市の一部
≪食草・食樹≫　ニレ科植物（エノキ）です。
≪年間の発生回数≫　年に 1 回発生します。
≪成虫の出現時期≫　新生蝶は 6 月頃から見られます。
≪越冬態≫　成虫で越冬します。
≪名前の由来≫　橙赤色の地に、黒い縁と黒点の模様が戦国時代の武具「緋縅」（ひお
　　　　　　　どし）の鎧に見立てて、ヒオドシチョウと名付けられました。

横浜市青葉区　2016.6.4

2016.6.4

ヒカゲチョウ

Lethe　sicelis

夕方に活動する蝶

　ナミヒカゲとも呼ばれています。

　山野に普通に見られます。発生期にはたくさんの個体を見ることができます。

　日中ササ類の生える樹林地内に多く生息し、周辺を飛んではすぐ止まります。日中は不活発だが、夕方は活発に活動します。

　ふだんは翅を閉じて止まっていますが、日光浴のときは翅を半開きにします。

　日本の特産種です。

≪分布≫　横浜市全域

≪食草・食樹≫　イネ科植物(アズマネザサ、マダケなど)です。

≪年間の発生回数≫　年に2回発生します。

≪成虫の出現時期≫　6月から10月まで見られます。

≪越冬態≫　幼虫で越冬します。

≪名前の由来≫　日陰(ひかげ)にいることが多いことからヒカゲチョウと名付けられました。

蛹 2017.10.12 横浜市

横浜市旭区　2018.9.16

横浜市戸塚区　2018.8.1

ヒメアカタテハ

Vanessa　cardui

秋に個体数が増える蝶

　公園や草地、田畑の周辺などに見られますがあまり多くありません。
　明るい環境を好み、コスモス、ヒメジョオンなど各種の花を訪れます。
　春から秋まで見られますが、春から夏はあまり見られず、秋に個体数が多くなります。

≪分布≫　横浜市全域
≪食草・食樹≫　キク科植物(ヨモギ、ハハコグサ、ゴボウなど)です。
≪年間の発生回数≫　年に4～5回発生します。
≪成虫の出現時期≫　新生蝶は3月中旬頃から10月頃まで見られます。
≪越冬態≫　成虫で越冬しますが、途中、寒さで死んでしまう場合が多いようです。
≪名前の由来≫　アカタテハに似ていて、やや小さく愛らしいので姫(ひめ)が付き、
　　　　　　　　ヒメアカタテハと名付けられました。

横浜市旭区　裏面　交尾 2018.4.27

横浜市鶴見区 2017.7.3

ヒメウラナミジャノメ

Ypthima　argus

地上近くをリズミカルに舞っている蝶

　翅の裏面には小さな目玉模様がたくさんあり、さざ波模様を持っていて美しいです。

　飛び方は特徴的で、低い空間をリズミカルに舞っています。草地に咲くヒメジョオンなどの花で吸蜜している姿をよく見かけます。

　草地、田畑、湿地、樹林地周辺と分布の広い種で、発生期には無数の個体を見ることができます。

≪分布≫　横浜市全域
≪食草・食樹≫　イネ科植物(ススキ、チジミザサなど)です。
≪年間の発生回数≫　年に3回程発生します。
≪成虫の出現時期≫　4月から10月頃まで見られます。
≪越冬態≫　幼虫で越冬します。
≪名前の由来≫　ウラナミジャノメ(横浜にはいない)に似ていて、やや小さい(ひめ)
　　　　　　　　のでヒメウラナミジャノメと名付けられました。

横浜市戸塚区　2017.9.13

横浜市都筑区 18.5.11

ヒメジャノメ

Mycalesis　gotama

指標種の蝶

　コジャノメ(P68))と似ているので間違える人がいますが、コジャノメが森の蝶ならヒメジャノメは草地の蝶です。

　静止時ははじめ翅を閉じているが、しばらくすると翅を開くことがあります。樹液や腐った果実などが好きで、花にやってくることはありません。

　自然環境を表す指標種の蝶です。

≪分布≫　局地的

≪食草・食樹≫　イネ科植物(イネ、ススキなど)、タケ科植物(アズマネザサなど)、カヤツリグサ科植物(カサスゲなど)です。

≪年間の発生回数≫　年に3回発生します。

≪成虫の出現時期≫　5月下旬頃から10月頃まで見られます。

≪越冬態≫　幼虫で越冬します。

≪名前の由来≫　小型(ひめ)のジャノメチョウ(翅に蛇の目がある)なので、ヒメジャノメと名付けられました。

2016.6.17(次田章氏撮影相模原市)

ミスジチョウ

Neptis philyra

林の梢を軽快に滑空旋回している蝶

　丘陵地の渓流沿いの樹林地などに見られ、食樹のカエデ科の混ざった林の梢を軽快に滑空旋回いるところを観察しました。また、発生初期には路上で吸水する個体も見ることができます。

　横浜では見かけることが少ない蝶です。

≪分布≫　局地的

≪食草・食樹≫　カエデ科植物（イロハモミジ、ヤマモミジなど）です。

≪年間の発生回数≫　年に１回発生します。

≪成虫の出現時期≫　６月から７月まで見られます。

≪越冬態≫　幼虫で越冬します。

≪名前の由来≫　黒い地色の上に白い３本のすじが入ったような斑紋が漢字の「三」
　　　　　　　　のように見えることから、ミスジチョウと名付けられました。

横浜市青葉区　2017.10.1

横浜市青葉区　産卵 2018.10.7

ミドリヒョウモン

Argynnis　paphia

樹幹に産卵するメス

　食草のスミレ類には産卵しません。スミレ類が生える近くの木の幹に、しかもコケなどに卵を産み付けます。写真はうす暗い林のコケの生えたコナラに産卵していました。ミドリヒョウモンは横浜での発生は少ないようです。秋には丹沢などから市街地に飛来してくる個体もあります。

≪分布≫　局地的
≪食草・食樹≫　スミレ科植物（スミレ属）です。
≪年間の発生回数≫　年に1回発生します。
≪成虫の出現時期≫　6月から10月頃まで見られます。夏眠します。
≪越冬態≫　卵または若齢幼虫で越冬します。
≪名前の由来≫　後翅裏がミドリ色を帯びるヒョウモンなので、ミドリヒョウモンと
　　　　　　　名付けられました。

夏眠する蝶　蝶の中には春蛹から羽化してしばらく行動した後、盛夏の高温のために活動を休止します。夏眠は夏の暑さをしのぐものと思われます。この状態を冬眠に対して夏眠といいます。

横浜市青葉区　2012.6.27　オス

メスグロヒョウモン

Damora　sagana

2012.6.27　メス

雌雄異型

　林縁に咲くオカトラノオの白い花にメスグロヒョウモンが止まっていました。
　オスとメスが、別種のように見えます。メスの色彩はとてもヒョウモン類とは
思えません。このようなものを雌雄異型と呼んでいます。
　最近では少なくなってきているのが心配です。

≪分布≫　横浜市北西部
≪食草・食樹≫　スミレ科植物（スミレ類）です。
≪年間の発生回数≫　年に1回発生します。
≪成虫の出現時期≫　6月から7月頃まで見られ、（夏は夏眠し）再び9月中旬頃から
　　　　　　　　　10月下旬頃まで見られます。
≪越冬態≫　幼虫で越冬します。
≪名前の由来≫　メスの体が黒い（くろ）ヒョウモンチョウなので、メスグロヒョウモ
　　　　　　　ンと名付けられました。

横浜市泉区　2018.5.28

ルリタテハ

Kaniska　canace

横浜市緑区　越冬明け個体 2018.3.24

午後　木道で会いましょう

　敏速に飛んでゆく蝶がいました。ルリタテハでした。

　路上などで占有行動(テリトリーを張る)をしているのをよく観察します。

　木道で止まっているルリタテハをよく見ます。午後 3 時前後に観察することが多いです。ルリタテハは木道などの一定の地点に好んで翅を開いて静止する習性があります

≪分布≫　横浜市全域

≪食草・食樹≫　サルトリイバラ科植物（サルトリイバラ）、ユリ科植物(ユリ類、ホトトギス)です。

≪年間の発生回数≫　年に 3 回程発生します。

≪成虫の出現時期≫　越冬蝶なので 1 年中見られますが、新生蝶は 5 月下旬頃から見られます。

≪越冬態≫　成虫で越冬します。

≪名前の由来≫　翅表に瑠璃(るり)色の帯があるタテハチョウなので、ルリタテハと名付けられました。

セセリチョウ科

2018.9.24 横浜市戸塚区 イチモンジセセリ産卵

横浜市青葉区　2012.4.29

アオバセセリ

Choaspes　benjaminii

幼虫 2017.9.16(中村美津子氏撮影)

造形の妙

　アオバセセリの幼虫は黄色と漆黒のしま模様の体に橙色の頭部を持つイモムシの姿をしています。幼虫は葉をつづって簡単な巣を作ります。幼虫は一見、ガの幼虫かと思うほど大胆な色彩斑紋だが、多くの時間はその巣に潜んでいます。

≪分布≫　局地的
≪食草・食樹≫　アワブキ科植物(アワブキなど) です。
≪年間の発生回数≫　年に２回発生します。
≪成虫の出現時期≫　４月下旬～６月, ７～８月に見られます。
≪越冬態≫　蛹で越冬します。
≪名前の由来≫　青い(あおい)翅のセセリチョウなので、アオバセセリと名付けられました。

幼虫 2018.8.9 横浜市戸塚区

横浜市戸塚区　産卵 2017.9.7

イチモンジセセリ

Parnara　guttata

横浜市金沢区 2018.10.1

イネの害虫

　幼虫は「イネツトムシ」と呼ばれ、イネの害虫として知られています。

　成虫は春にはほとんど見かけないが、8月下旬頃から個体数を増やしていきます。秋に爆発的に個体数を増やします。

　産卵した瞬間を撮ることができました。卵はなめらかなまんじゅう形をしていました。

≪**分布**≫　横浜市全域

≪**食草・食樹**≫　イネ科植物(イネ、エノコログサなど)やカヤツリグサ科植物ですが、特にイネを好みます。

≪**年間の発生回数**≫　年に3回ほど発生します。

≪**成虫の出現時期**≫　5月中旬頃から11月上旬頃まで見られます。

≪**越冬態**≫　幼虫で越冬します。

≪**名前の由来**≫　後翅裏に銀白色の紋がほぼ一文字(いちもんじ)に並んでいるセセリチョウなので、イチモンジセセリと名付けられました。

横浜市青葉区　2018.7.13

オオチャバネセセリ

Polytremis　pellucida

横浜市青葉区　2018.6.17

生息場所の減少

　イチモンジセセリによく似ていますが、ひと回り大きく、後翅の白紋が一列に規則正しく並ばず、互いにずれることで見分けることができます。

　林縁部を活発に飛翔し、各種の花で吸蜜、ササの葉上によく静止します。

　全国的に個体数の減少が続いていて、横浜でも生息する場所が限られてきています。

≪分布≫　局地的

≪食草・食樹≫　イネ科植物(ササ属、ススキ属など)です。

≪年間の発生回数≫　年に２回発生します。

≪成虫の出現時期≫　５月から10月まで見られます。

≪越冬態≫　幼虫で越冬します。

≪名前の由来≫　大きいチャバネのセセリチョウというところから、オオチャバネセ
　　　　　　　　セリと名付けられました。

横浜市鶴見区　2019.6.7

横浜市鶴見区　2018.6.2

キマダラセセリ

Potanthus　flavus

ジェット機のような止まり方

　翅表の黄色い斑が鮮やかなセセリチョウです。

　写真のように翅をジェット機のような形の半開き(上下4枚の翅を、それぞれ隙間を作って半開きにする)になって止まったり、翅を閉じたりして止まります。

≪分布≫　横浜市全域

≪食草・食樹≫　イネ科植物（ススキ、エノコログサなど）、タケ科植物(アズマネザサなど)です。

≪年間の発生回数≫　年に2回発生します。

≪成虫の出現時期≫　6月中旬から7月中旬(第1化)、8月～9月(第2化)に見られます。

≪越冬態≫　幼虫で越冬します。

≪名前の由来≫　黄色の斑(きまだら)模様をしたセセリチョウなのでキマダラセセリと名付けられました。

化性　昆虫が1年間にくり返す世代数を言います。キマダラセセリは年2回発生するので2化性と呼びます。

横浜市栄区　2010.5.10

ギンイチモンジセセリ

Leptalina　unicolor

春型　2012.5.1(中山秀子氏撮影 埼玉県)

白銀のライン

　春の陽光を浴びて明るい草原を銀色の帯が美しい春型が緩やかに弱々しく飛んでいました。飛翔は継続的でなかなか止まらなかったです。
　河川敷のススキ草原などが生息地になっていますが、生息地は限られているので、観察場所を探すのが難しいです。

≪分布≫　局地的
≪食草・食樹≫　イネ科植物(ススキなど)です。
≪年間の発生回数≫　年に2回程発生します。
≪成虫の出現時期≫　春型が4月下旬～5月中旬, 夏型が7月中旬～8月上旬に見られます。
≪越冬態≫　幼虫で越冬します。
≪名前の由来≫　後翅裏面に翅の付け根から外縁に向かって、一条の銀帯が入っているところから、ギンイチモンジセセリと名付けられました。

幼虫　2017.8.4

横浜市戸塚区　2018.7.15

コチャバネセセリ

Thoressa　varia

横浜市戸塚区　2018.4.30

敏捷に飛翔

　湿った地面などでよく吸水しているところが見られます。また、花にもよく集まります。

　翅の裏面の地色が黄土色で筋が入っているのが特徴です。

　幼虫の食草はタケ科のササ類です。道ばたのササを見ていくと葉の主脈だけを食べ残し、その先端を筒状につづった巣が見られ、中に幼虫がいます。

≪分布≫　横浜市全域

≪食草・食樹≫　タケ科植物（ミヤコザサ、メダケなど）です。

≪年間の発生回数≫　年に2〜3回発生します。

≪成虫の出現時期≫　4月下旬頃から10月上旬頃まで見られます。

≪越冬態≫　幼虫で越冬します。

≪名前の由来≫　チャバネセセリより少し小さいので、コチャバネセセリと名付けられました。

横浜市緑区　2018.4.30

横浜市青葉区　関西型2018.7.15

ダイミョウセセリ

Daimio　tethys

忍者蝶

　ダイミョウセセリは驚かせると葉の裏に翅を広げたまま静止する奇妙な行動を
とります。「隠れたつもりらしい」

　地方によって翅の模様に違いがあって近畿より西の地域に生息するものは後翅
にも白い点が並び、前翅と模様がつらなり帯状に見えます。関西型です。

≪分布≫　横浜市全域

≪食草・食樹≫　ヤマノイモ科植物（オニドコロ、ヤマノイモなど）です。

≪年間の発生回数≫　年に3回発生します。

≪成虫の出現時期≫　4月下旬から9月まで見られます。

≪越冬態≫　幼虫で越冬します。

≪名前の由来≫　翅を広げて止まることが多く、その様子が裃をつけた大名に見立
　　　　　　　た名前だとも、裃をつけた大名にひれ伏す姿に見立てた名前だとも言
　　　　　　　われています。

かくれ上手な蝶

　ダイミョウセセリのメスは産卵時に体毛を卵に付着させる習性を持っています。また、驚くと翅を水平に開いて葉裏に静止します。
　卵から成虫まで共通なのは、みな「かくれている」ように見えます。ダイミョウセセリはかくれ上手な蝶ではないかと思います。

体毛でカモフラージュされた卵
　ダイミョウセセリの卵はもじゃもじゃの毛に覆われていて、見ることができません。
　表面はメスの腹部の体毛をこすりつけて付けるそうです。

幼虫巣　　　　　　　　　　**巣作り**

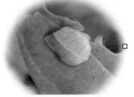

巣の中に留まる幼虫
　幼虫は葉の一部を切って折り曲げて巣を作り、その中に潜んでいます。

巣の中の蛹
　巣の中に蛹を作ります。蛹は褐色で、側面に白い三角形の斑紋があります。
　（ダイミョウセセリの蛹 樋口真子氏撮影）

葉の裏に隠れる成虫
　ダイミョウセセリは驚かせると葉の裏に翅を広げたまま静止します。

横浜市旭区　2018.10.6

チャバネセセリ

Pelopidas　mathias

イチモンジセセリとの見分け方

　後翅表に銀白紋がなく、後翅裏は銀白紋が弧状になっています。

　イチモンジセセリ(P87)とそっくりな蝶ですが、後翅裏に大きめの銀白紋が見られないので見分けることができます。

　春、夏は個体数が少なく、ほとんど見つけられませんが、イチモンジセセリが少なくなった秋の終わり頃探すと見つけやすいです。

≪分布≫　横浜市全域
≪食草・食樹≫　イネ科植物(ススキ、イネ、チガヤなど)、カヤツリグサ科植物です。
≪年間の発生回数≫　年に3～4回発生します。
≪成虫の出現時期≫　5月から11月上旬頃まで見られます。
≪越冬態≫　幼虫で越冬します。
≪名前の由来≫　翅が茶色い(ちゃばね)セセリチョウなのでチャバネセセリと名付
　　　　　　　けられました。

横浜市緑区　2012.6.4(井原伸一氏撮影)

ヒメキマダラセセリ

Ochlodes ochraceus

山地性の蝶

　樹林地内や林縁などの低い位置を敏速に飛び、ヒメジョオンなど各種の花を訪れます。

　里山から山地まで生息していますが、一般に山地性の蝶です。

　横浜では目にする機会の少ない蝶です。

≪**分布**≫　横浜市北西部

≪**食草・食樹**≫　イネ科植物(ススキ、チヂミザサなど)、カヤツリグサ科植物(カサスゲなど)です

≪**年間の発生回数**≫　年に2回発生します。

≪**成虫の出現時期**≫　6月から9月上旬頃まで見られます。

≪**越冬態**≫　幼虫で越冬します。

≪**名前の由来**≫　小さいキマダラセセリということで、ヒメキマダラセセリと名付けられたようです。

横浜市栄区　2016.7.12(中山秀子氏撮影)

ホソバセセリ

Isoteinon　　lamprospilus

たくさんの斑紋をもつ蝶

　地味な翅の表からは想像もできないくらい、翅裏の模様は明るいです。裏は全体が黄褐色で斑紋(白点)がたくさんあり、他のセセリチョウと区別は容易です。

　他のセセリチョウは素早く飛びますが、本種はススキの周りを跳ねるように比較的ゆっくり飛びます。

　神奈川県では絶滅危惧種に指定されています。

《分布》　局地的
《食草・食樹》　イネ科植物(ススキなど)です。
《年間の発生回数》　年に1回発生します。
《成虫の出現時期》　7月から8月頃まで見られます。
《越冬態》　幼虫で越冬します。
《名前の由来》　翅が細く見えるセセリチョウというところから、ホソバセセリと名
　　　　　　　付けられました。

ミヤマセセリ

Erynnis　montana

雑木林に春を告げる蝶

　雑木林に多く、春の光の中を活発に飛び、好んで地面やかれ葉に止ります。その時は翅を水平に広げて静止しますが、休息する場合は前翅を屋根型にたたむ習性があります。翅には黄色い点がちりばめられています。

　春の訪れを告げる、スプリングエフェメラルの蝶です。

≪分布≫　横浜市北西部
≪食草・食樹≫　ブナ科植物（クヌギ、コナラ、カシワなど）です。
≪年間の発生回数≫　年に1回発生します。
≪成虫の出現時期≫　3月上旬から4月頃まで見られます。
≪越冬態≫　幼虫で越冬します。
≪名前の由来≫　深山(みやま)にいるセセリチョウなので、ミヤマセセリと名付けられました。

クロコノマチョウ前蛹
2018.9.6 戸塚区

迷　蝶

1996.7.30 台湾高雄郊外　バナナ畑（筆者撮影）

迷蝶（偶発蝶）

本来は横浜(国内)に生息していませんが、海外に産する蝶が、台風や偏西風などに運ばれてきて、発見されたり、一時的に棲みついたりすることがあります。こう言う蝶のことを迷蝶(偶発蝶)と呼びます。日本に到達するものは南方(台湾,フィリピンなど) からのものが多いです。

戸塚区俣野町　2017.8.1 (吉山誠一氏撮影)

リュウキュウムラサキ

Papilio　protenor

タテハチョウ科

台風で運ばれて来た蝶

　リュウキュウムラサキはインドからオーストラリア、サモア諸島などにわたり熱帯から亜熱帯に分布しています。

○2017 年 8 月 1 日　横浜市戸塚区俣野町　吉山誠一氏目撃・撮影
　発見される前に台風が通過したとのことです。台風とともに熱帯方面から飛んできたのであろう。

東京都大田区城南島海浜公園　2016.10.12（松村勝喜氏撮影）

クロマダラソテツシジミ

Papilio　protenor

シジミチョウ科

幼虫はソテツの新芽などに見られます

　台湾、フィリピン、西インドなどの熱帯、亜熱帯に分布する南方系の蝶です。
　日本では1992年に沖縄県で記録されたのが最初で、2009年に神奈川県逗子市でも確認されました。
　横浜市では2011年に栄区で初記録されました。

○2011年11月17日　横浜市栄区桂台一丁目1♂　丸山充夫氏目撃
○2011年11月24日　横浜市栄区桂台二丁目1♂　丸山充夫氏目撃
○2016年10月7日　横浜市栄区上郷町いたち川流域1♂　丸山充夫氏目撃

横浜市港北区新横浜公園　2013.9.30（井原伸一氏撮影）

カバマダラ

Papilio protenor

タテハチョウ科

一時的に発生した蝶

　アフリカから東洋の熱帯、亜熱帯に広く分布、日本では八重山諸島、沖縄本島、奄美大島などに分布する南方系の蝶です。

○2013年9月30日　横浜市港北区新横浜公園　井原伸一氏目撃・撮影
　過去に迷蝶として飛来した個体が、食草のトウワタなどで一時的に発生したと思われます。
　この年は、横浜市内の何か所かでカバマダラが観察されました。

卵・幼虫・蛹

アオスジアゲハ 卵 アオスジアゲハ 幼虫 アオスジアゲハ 蛹

小さな宝石 ― 蝶の卵

　蝶の卵の大きさはだいたい1mm前後です。
　小さな卵もよく見るといろいろな形や模様があります。球形で表面はなめらかなもの、紡錘形で上下に長く、縦に筋がはいるもの、扁平で、表面にさまざまな隆起があるもの、なめらかなまんじゅう形などがあります。
　卵は時間の経過にともなって変色したり、模様が出たりします。
　卵は(ほとんど)食草に1個ずつ産みつけますが、ウラゴマダラシジミやクロコノマチョウなどは卵塊になります。

アカボシゴマダラの卵

　産卵直後からふ化寸前までのアカボシゴマダラの卵がせいぞろいです。色彩は産卵直後黄緑色で、日が経つと変色し、孵化直前には黒色になります。

産卵

イチモンジセセリの卵

クロコノマチョウの卵(卵塊)

イチモンジセセリの産卵

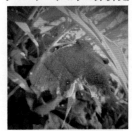

クロコノマチョウの産卵

卵塊：卵がまとめて産みつけられる場合、卵塊を作るといいます。

卵の模様

ダイミョウセセリの卵

ダイミョウセセリ

コミスジの卵

コミスジ

※ダイミョウセセリの卵は、表面はメスの体毛で覆われ、見ることができません。

卵一覧

アオスジアゲハ
8月/タブノキ

アゲハ
7月/カラスザンショウ

キアゲハ
4月/セリ

クロアゲハ
9月/ユズの木

ジャコウアゲハ
4月/オオバウマノスズクサ

モンキアゲハ
5月/ミカンの木

キタキチョウ
9月/ネムノキ

スジグロシロチョウ
4月/イヌガラシ

ツマキチョウ
4月/タネツケバナ

ウラギンシジミ
8月/フジ

ウラゴマダラシジミ
1月/イボタノキ

オオミドリシジミ
2月/コナラ

ゴイシシジミ
6月/アズマネザサ

ツバメシジミ
11月/アカツメクサ

ベニシジミ
5月/スイバ

ミズイロオナガシジミ
2月/コナラ

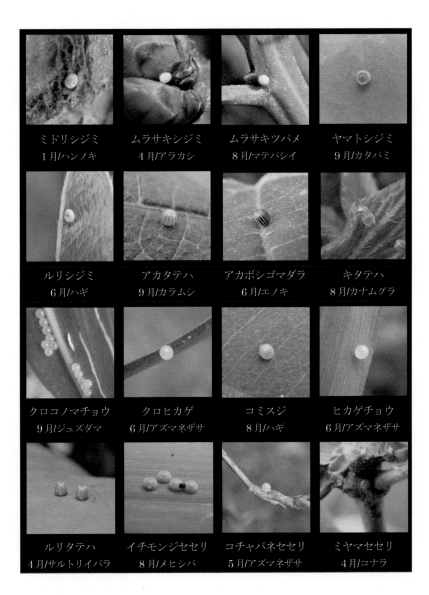

ミドリシジミ 1月/ハンノキ	ムラサキシジミ 4月/アラカシ	ムラサキツバメ 8月/マテバシイ	ヤマトシジミ 9月/カタバミ
ルリシジミ 6月/ハギ	アカタテハ 9月/カラムシ	アカボシゴマダラ 6月/エノキ	キタテハ 8月/カナムグラ
クロコノマチョウ 9月/ジュズダマ	クロヒカゲ 6月/アズマネザサ	コミスジ 8月/ハギ	ヒカゲチョウ 6月/アズマネザサ
ルリタテハ 4月/サルトリイバラ	イチモンジセセリ 8月/メヒシバ	コチャバネセセリ 5月/アズマネザサ	ミヤマセセリ 4月/コナラ

可愛いイモムシ ── 蝶の幼虫

　蝶の幼虫はみなイモムシ、幼虫の毎日は食べること。食べる生活は成虫に変身する大事な準備です。

　幼虫は鳥にねらわれるので少しでも生き残れるよう、葉っぱにカムフラージュするもの、派手な色で敵を驚かすもの、巣を作って隠れるものなど生活スタイルもさまざまです。

　幼虫は成長するにしたがって脱皮をします。脱皮は一般に4~5回行なわれるものが多いです。

アゲハの幼虫

アゲハ若齢幼虫　　　　　　　アゲハ終齢幼虫

脱皮直後のルリタテハの幼虫　　クズの葉に潜むコミスジの幼虫

鳥から身を守る蝶の幼虫

鳥は、蝶の捕食者です。
蝶の幼虫はどうしてわが身を守っているのでしょう。

アカボシゴマダラの幼虫	アカボシゴマダラの幼虫(越冬態)
アゲハの幼虫	
ヒメアカタテハの幼虫巣	 ヒメアカタテハの幼虫
 アサギマダラの幼虫	

① **葉に溶け込む体色(隠蔽色)**
　体の色を植物に似せて、鳥から発見されにくくしています。
　食草のエノキの葉に溶け込む体色をしています。
　越冬態は枯葉色になります。
　アカボシゴマダラの幼虫は長角型だが、越冬する幼虫は短角型(頭部の突起が短い)です。

② **鳥の糞に似せる(擬態)**
　鳥の糞のような模様をして、鳥から見つからないようにしています。

③ **巣を作る**
　口から糸を出しながら、ヨモギの葉を紡ぎ合わせて巣を作ります。
　ヒメアカタテハの幼虫はその中に隠れます。

④ **体内に毒を持つ(警戒色)**
　毒(アルカロイド)を持つ植物を食べ、この毒を体に蓄えています。そのため、この幼虫を食べた鳥は吐いたりしてしまい、二度と同じ幼虫を食べようとしないそうです。

幼虫一覧

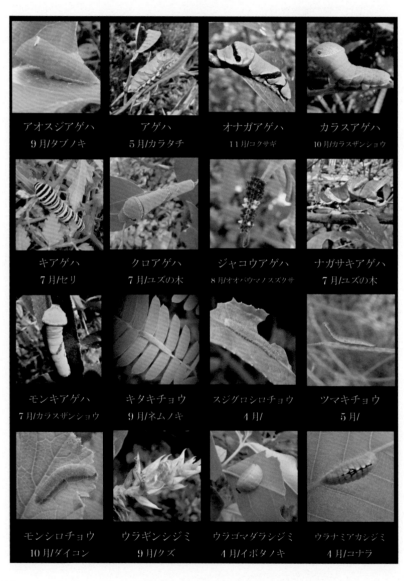

アオスジアゲハ
9月/タブノキ

アゲハ
5月/カラタチ

オナガアゲハ
11月/コクサギ

カラスアゲハ
10月/カラスザンショウ

キアゲハ
7月/セリ

クロアゲハ
7月/ユズの木

ジャコウアゲハ
8月/オオバウマノスズクサ

ナガサキアゲハ
7月/ユズの木

モンキアゲハ
7月/カラスザンショウ

キタキチョウ
9月/ネムノキ

スジグロシロチョウ
4月/

ツマキチョウ
5月/

モンシロチョウ
10月/ダイコン

ウラギンシジミ
9月/クズ

ウラゴマダラシジミ
4月/イボタノキ

ウラナミアカシジミ
4月/コナラ

オオミドリシジミ
4月/コナラ

ゴイシシジミ
7月/アズマネザサ

ツバメシジミ
4月/カラスノエンドウ

ベニシジミ
1月/スイバ

ミズイロオナガシジミ
4月/コナラ

ミドリシジミ
4月/ハンノキ

ムラサキシジミ
6月/アラカシ

ムラサキツバメ
8月/マテバシイ

アカタテハ
5月/カラムシ

アカボシゴマダラ
9月/エノキ

キタテハ
6月/カナムグラ

クロコノマチョウ
7月/ジュズダマ

コミスジ
11月/クズ

ゴマダラチョウ
12月/エノキ

ツマグロヒョウモン
9月/スミレ

テングチョウ
4月/エノキ

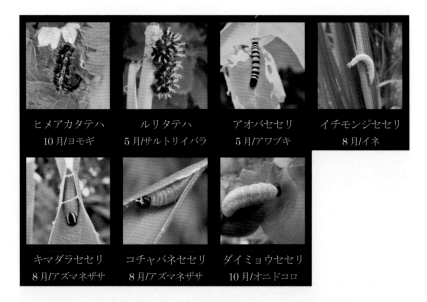

ヒメアカタテハ	ルリタテハ	アオバセセリ	イチモンジセセリ
10月/ヨモギ	5月/サルトリイバラ	5月/アワブキ	8月/イネ
キマダラセセリ	コチャバネセセリ	ダイミョウセセリ	
8月/アズマネザサ	8月/アズマネザサ	10月/オニドコロ	

（幼虫の顔）

アオスジアゲハ	キアゲハ	モンキアゲハ	アカボシゴマダラ
クロコノマチョウ	イチモンジセセリ	キマダラセセリ	コチャバネセセリ

112

不思議な造形美 — 蝶の蛹

　蛹は外見上、休む日々を送ります。しかし、蛹の体の中では成虫の体づくりが進行しています。蛹をよく見ると、成虫の体が描かれているのがわかります。
　糸の帯をつけたアゲハチョウ科の仲間の蛹（帯蛹）、葉からぶら下がるタテハチョウ科の蛹（垂蛹）など蛹は2つの形態があります。シジミチョウ科は帯蛹であるが、帯は目立たず、他物にくっついています。地上や石ころの間で蛹化するものも多いです。
　アゲハチョウ科の蛹化は、その場所のまわりの色によって体色が変わります。緑色と茶褐色の2タイプが知られています。緑色の葉や枝で蛹化すると体色は緑色になり、枯葉や褐色の枝などの上で蛹化すると茶褐色になります。

アゲハの蛹

アゲハ緑色タイプ　　　　　アゲハ茶褐色タイプ

帯　蛹　　　　　　　**垂　蛹**　　　　**キタキチョウの蛹**
アオスジアゲハの蛹　　アカボシゴマダラの蛹　翅（黄色い）が透けて見えます

クロコノマチョウの前蛹と蛹の変化

前蛹　　　　　　　　　蛹　　　　　　　　　羽化直前の蛹

前蛹 幼虫が蛹になる直前に尾端を糸玉に固定し静止している状態を言います。

光るツマグロヒョウモンの蛹

金色のトゲ　　　銀色のトゲ　　　ツマグロヒョウモン(オス)　　　ツマグロヒョウモン(メス)

　ツマグロヒョウモンの蛹の背に10本のトゲがあります。トゲは金色と銀色があり、金色だと、羽化後にメスになり、銀色はオスになります。蛹でオスとメスがわかります。

ジャコウアゲハの蛹

　蛹は「オキクムシ」と呼ばれています。
　これは江戸時代の番長皿屋敷のお菊に
由来しています。

蛹一覧

アオスジアゲハ
11 月/タブノキ

アゲハ
10 月/カラタチ

オナガアゲハ
12 月/コクサギ

カラスアゲハ
10 月/＊

キアゲハ
5 月/＊

クロアゲハ
10 月/＊

ジャコウアゲハ
8 月/＊

ナガサキアゲハ
10 月＊

モンキアゲハ
9 月＊

キタキチョウ
10 月/ネムノキ

スジグロシロチョウ
5 月/

ウラギンシジミ
6 月/＊

ウラゴマダラシジミ
5 月/イボタノキ

オオミドリシジミ
5 月/＊

ゴイシシジミ
8 月/アズマネザサ

ミズイロオナガシジミ
5 月/＊

ミドリシジミ
5月/*

ムラサキシジミ
8月/コナラ

アカタテハ
7月/カラムシ

アカボシゴマダラ
9月/エノキ

キタテハ
10月/カナムグラ

クロコノマチョウ
7月/ジュズダマ

ゴマダラチョウ
9月/エノキ

ツマグロヒョウモン
4月/*

テングチョウ
5月/*

ヒメアカタテハ
10月/*

イチモンジセセリ
8月/イネ

＊食草(食樹)以外の所で蛹がありました。

観 察 記 録

ハンノキ林 2018.9.22 舞岡公園(横浜市戸塚区舞岡町)

観察地

10か所(舞岡公園・寺家ふるさと村・新治市民の森・横浜市児童遊園地・氷取沢市民の森・山下公園・追分市民の森・四季の森公園・金沢自然公園・小菅ヶ谷北公園)で観察しました。

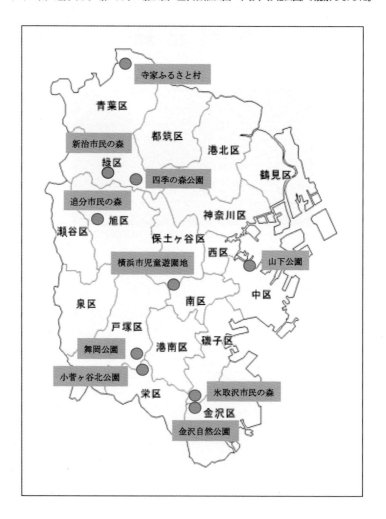

① 舞岡公園 —戸塚区舞岡町—

　舞岡公園で 2018 年の一年間で 51 種類の蝶を確認し、年間のチョウ暦を作成しました。(P9 参照) 卵・幼虫・蛹暦も作りました。

51 種類もの蝶を観察

　2018 年 1 月 9 日、越冬中のウラギンシジミ、ムラサキシジミが日当たりで日光浴をしていました。エノキの根元の落葉をめくるとゴマダラチョウの越冬幼虫がいました。コナラのひこばえでオオミドリシジミの卵、湿地のハンノキでミドリシジミの卵を見つけました。

　3 月 27 日、山桜がさいていました。ツマキチョウ、モンシロチョウ、ベニシジミ、スジグロシロチョウ、アゲハの新生蝶が飛んでいました。また、越冬していたキタキチョウ、キタテハ、ウラギンシジミ、ムラサキシジミ、テングチョウ、ルリタテハ、アカタテハも舞っていました。

　4 月 21 日、カントウタンポポがたくさん咲いていました。タンポポでツマキチョウが吸蜜していました。アゲハ、アオスジアゲハ、カラスアゲハ、クロアゲハ、キアゲハ、ナガサキアゲハ、ジャコウアゲハの 7 種のアゲハ類が見られました。この時季にしては多くの蝶(2 5 種)を観察できました。

　5 月 27 日、平地産ゼフィルス全種(6 種)を観察しました。テングチョウ、ルリシジミ、スジグロシロチョウ、モンシロチョウが多産していました。貴重種のイチモンジチョウもたくさん見られました。越冬個体のクロコノマチョウがいました。

　6 月 22 日、リョウブの花が満開で、珍種トラフシジミ(夏型)が 5 頭も吸蜜していました。他にモンシロチョウ、コチャバネセセリ、ルリシジミ、アオスジアゲハ、ヒカゲチョウ、クロアゲハも吸蜜にきていました。

　7 月 25 日、この時季になるとあまり見られないテングチョウを見ることができました。ウラギンシジミ、キタキチョウ、アカボシゴマダラ、ヤマトシジミ、コミスジ、ツバメシジミがたくさん見られました。

　8 月 1 日、ウラギンシジミ、アカボシゴマダラ、ヤマトシジミ、キタキチョウがたくさん見られました。ゴマダラチョウがエノキの樹冠近くを何頭も飛んでいました。アカボシゴマダラ、ジャコウアゲハ、アゲハ、クロコノマチョウの幼虫も観察しました。

　9 月 22 日、イチモンジセセリ、アカボシゴマダラ、キタキチョウ、ヤマトシジミがたくさん見られました。特にヒカゲチョウは数えきれない程いました。ウラナミシジミとムラサキツバメを初見しました。午前中天気が悪かったにもかかわらず 31 種も観察することができました。

10月27日、園内にたくさんのハギがあり、キタキチョウが目につきました。公園内に営農地があるので、モンシロチョウがたくさん見られました。ウラナミシジミが多産していました。アゲハ類で見たのはナガサキアゲハ1頭のみでした。

　11月10日、ウラナミシジミ、モンシロチョウ、キタテハ、ヤマトシジミがたくさん見られました。羽化したてのツマグロヒョウモンやアカタテハが観察できました。

　12月4日、暖かかったので、ツマグロヒョウモン、ウラナミシジミ、キタキチョウ、ヤマトシジミなどが舞っていました。越冬に入ったウラギンシジミが葉裏にぶら下がっていました。アオスジアゲハ、アゲハ、クロアゲハ、ナガサキアゲハの蛹を観察できました。

ゼフィルス全種・イチモンジチョウを観察「2018年5月22日の観察」

　前田の丘にあるクリの花が満開でした。花で多数のアカシジミとウラナミアカシジミが吸蜜していました。一度にこんなにたくさん見たのは初めてでした。

　情報館近くのイボタノキにウラゴマダラシジミ、カッパ池周辺でミドリシジミ、キツネクボ近くのクヌギの葉上に止まっているオオミドリシジミ、ミズイロオナガシジミを観察しました。ゼフィルス全種(6種)を観察することができました。

　新生のテングチョウが多産していました。横浜では貴重なイチモンジチョウを7頭も観察できました。この時季にはほとんど見られないイチモンジセセリも観察することができました。

　25種＋1種幼虫を観察することができました。

> ルリシジミ2　スジグロシロチョウ多数　キタテハ　ツマグロヒョウモン1　アゲハ3
> アオスジアゲハ1　ウラギンシジミ2　アカタテハ1　モンキチョウ2　コミスジ5
> モンシロチョウ多数　イチモンジチョウ7　アカシジミ多数　ウラナミアカシジミ多数
> ミズイロオナガシジミ1　キタキチョウ7　ウラゴマダラシジミ1　ゴマダラチョウ1
> オオミドリシジミ1　クロアゲハ2　ヒメウラナミジャノメ5　ベニシジミ1
> テングチョウ多数　イチモンジセセリ1　ミドリシジミ1
> ルリタテハ幼虫

数字：頭数　多数(10頭以上)

アカシジミ　　ウラナミアカシジミ　イチモンジチョウ　テングチョウ

秋の蝶・たくさんの幼虫を観察「2018.年10月6日の観察」

　この時季(秋)を代表するヒメアカタテハ、ウラナミシジミ、チャバネセセリを観察することができました。

　アゲハ類はあまり見られませんでしたが、新鮮なナガサキアゲハを5頭も観察できました。

　キタキチョウ(秋型)、ヤマトシジミ、ウラギンシジミ、イチモンジセセリが多産していました。

　カラタチの生け垣にナガサキアゲハ、アゲハ、カラスアゲハの幼虫がいました。アゲハの幼虫はたくさん見られました。

　カナムグラでキタテハの前蛹を見ることができました。なかなかみる機会のないものです。

　23種＋2種卵＋7種幼虫＋1種蛹を観察することができました。

キタキチョウ多数　ウラギンシジミ多数　ヤマトシジミ多数　イチモンジセセリ多数
ヒカゲチョウ8　ウラナミシジミ2　ツバメシジミ6　クロアゲハ1　ベニシジミ2
ナガサキアゲハ5　クロコノマチョウ1　チャバネセセリ6　アカボシゴマダラ2
ヒメジャノメ3　ゴマダラチョウ1　モンキチョウ2　ムラサキシジミ1　コミスジ2
ヒメアカタテハ1　アゲハ1　キタテハ3　スジグロシロチョウ2　ツマグロヒョウモン1
アカボシゴマダラ卵　ツバメシジミ卵
アカボシゴマダラ幼虫　ナガサキアゲハ幼虫　アゲハ幼虫　カラスアゲハ幼虫
ムラサキシジミ幼虫　コチャバネセセリ幼虫　クロアゲハ幼虫
キタテハ前蛹

　　ナガサキアゲハ　　　　　　キタキチョウ　　　　　　キタテハ前蛹

舞岡公園のチョウの卵・幼虫・蛹(2018年)

	種類	卵・幼虫 蛹	発見場所	1月	2月	3月	4月	5月	6月	7月	8月	9月	10月	11月	12月
1	オオミドリシジミ	卵	コナラ	○	○	○	○			○	○				○
		幼虫					○								
2	ミドリシジミ	卵	ハンノキ	○	○	○				○					○
		幼虫					○	○							
		蛹	根元					○							
3	アカボシゴマダラ	幼虫	エノキ	○	○	○	○			○	○	○	○	○	○
		蛹									○	○	○		
		卵								○	○	○	○		
4	ゴマダラチョウ	幼虫	エノキ	○	○	○									○
5	ウラゴマダラシジミ	卵	イボタノキ		○	○									
		蛹						○							
6	キタテハ	卵	カナムグラ			○									
		蛹											○		
7	テングチョウ	卵	エノキ				○								
		幼虫					○								
8	ルリタテハ	幼虫	サルトリイバラ				○	○							
9	アオスジアゲハ	卵	シロダモ					○			○	○			
		幼虫						○			○	○			
		蛹												○	○
10	アゲハ	卵	カラタチ					○		○	○				
		幼虫								○	○	○	○		
		蛹													○
11	ジャコウアゲハ	卵	ウマノスズクサ					○		○					
		幼虫						○			○				
		蛹										○			
12	ナガサキアゲハ	卵	カラタチ							○					
		幼虫								○		○	○		
13	クロコノマチョウ	幼虫	ジュズダマ							○	○	○			
14	クロアゲハ	卵	カラタチ							○	○	○			
		幼虫										○	○		
		蛹													○
15	スジグロシロチョウ	卵	カラシナ							○					
16	カラスアゲハ	幼虫	カラスザンショウ									○	○		
17	キタキチョウ	卵	ハギ							○					
18	コチャバネセセリ	幼虫	アズマネザサ							○					
19	ダイミョウセセリ	幼虫	オニドコロ							○					
20	イチモンジセセリ	卵	メヒシバ							○					
21	ツバメシジミ	卵	アカツメクサ										○	○	○
22	ムラサキシジミ	幼虫	アラカシ										○		

②　寺家ふるさと村 ―青葉区寺家町―

　寺家ふるさと村で2018年の一年間で56種類の蝶を確認しました。市内のほとんどの蝶を観察することができました。

表1　寺家ふるさと村で観察した蝶（2018年）

1	ウラギンシジミ(2/18)	20	アゲハ(4/29)	39	ヒメジャノメ(6/17)
2	キアゲハ(3/30)	21	カラスアゲハ(4/29)	40	イチモンジセセリ(6/17)
3	キタキチョウ(3/30)	22	クロアゲハ(4/29)	41	オオチャバネセセリ(6/17)
4	スジグロシロチョウ(3/30)	23	ナガサキアゲハ(4/29)	42	キマダラセセリ(6/17)
5	モンキチョウ(3/30)	24	ツバメシジミ(4/29)	43	モンキアゲハ(6/24)
6	モンシロチョウ(3/30)	25	クロヒカゲ(4/29)	44	ウラゴマダラシジミ(6/24)
7	ベニシジミ(3/30)	26	コミスジ(4/29)	45	ウラナミアカシジミ(6/24)
8	ルリシジミ(3/30)	27	サトキマダラヒカゲ(4/29)	46	ゴイシシジミ(6/24)
9	ミヤマセセリ(3/30)	28	コチャバネセセリ(4/29)	47	コジャノメ(6/24)
10	ツマキチョウ(4/15)	29	ダイミョウセセリ(4/29)	48	メスグロヒョウモン(6/24)
11	トラフシジミ(4/15)	30	アカシジミ(5/12)	49	チャバネセセリ(6/24)
12	ヤマトシジミ(4/15)	31	アカボシゴマダラ(5/12)	50	ムラサキシジミ(7/15)
13	キタテハ(4/15)	32	イチモンジチョウ(5/12)	51	オナガアゲハ(9/9)
14	ツマグロヒョウモン(4/15)	33	ゴマダラチョウ(5/12)	52	ウラナミシジミ(9/9)
15	テングチョウ(4/15)	34	ヒメアカタテハ(5/12)	53	アカタテハ(9/9)
16	ヒメウラナミジャノメ(4/15)	35	オオミドリシジミ(6/17)	54	アサギマダラ(10/7)
17	ヒオドシチョウ(4/15)	36	ミズイロオナガシジミ(6/17)	55	クロコノマチョウ(10/7)
18	ルリタテハ(4/15)	37	ミドリシジミ(6/17)	56	ミドリヒョウモン(10/7)
19	アオスジアゲハ(4/29)	38	ヒカゲチョウ(6/17)		（　）初めて観察した日

蝶の宝庫：56種類(2018年)もの蝶を観察しました。

貴重種の生息：オオチャバネセセリを観察しました。県の絶滅危惧種Ⅱ類です。

他地域では見られない種：ゴイシシジミを観察しました。(2018年)

ゼフィルス全種の観察：横浜で見られるゼフィルスを全種観察しました。

オオチャバネセセリ　6月17日

冬の蝶観察「2018 年 2 月 18 日」
〜ゼフィルス越冬卵探し〜

トウネズミモチの葉裏を覗くとウラギンシジミが身を潜めて寒さに耐え越冬しているところが観察できました。

林内で見られた大きなエノキの根元で積もった枯葉をめくると、ゴマダラチョウの幼虫がいました。枯葉そっくりの色をしていました。

越冬中のウラギンシジミ

湿地のハンノキでミドリシジミの卵を観察できました。
林内のコナラの枝でオオミドリシジミの卵を観察できました。12 卵も見つけることができました。
クヌギの幹についているミズイロオナガシジミの卵を観察できました。
3 種のゼフィルス越冬卵を観察することができました。

ゴマダラチョウ越冬幼虫

オオミドリシジミ卵

ミズイロオナガシジミ卵

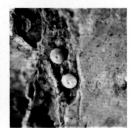

ミドリシジミ卵

1 種＋3 種卵＋1 種幼虫を観察することができました。

ウラギンシジミ 1
オオミドリシジミ卵 12　ミズイロオナガシジミ卵 1　ミドリシジミ卵 10
ゴマダラチョウ幼虫 1

春の蝶観察「2018年4月15日」
〜ミヤマセセリ・モンキチョウ多産〜

　観察を始めて間もなく、草原に止まっていた珍種トラフシジミを見つけました。
静止するときは基本的に翅を閉じることが多いのに、開翅していました。
翅表は薄青色をしていました。
　林床近くでたくさんのミヤマセセリに出会いました。曇っていたのであまり
飛び回らず、止まってくれることが多くすぐに撮ることができました。ミヤマ
セセリはこの時季にしか見られない蝶です。
　この時季にしか見られないツマキチョウ
も観察しました。
　新鮮なモンキチョウが多産していました。
タンポポなどの花で吸蜜していました。
　越冬あけのヒオドシチョウを観察する
ことができました。ヒオドシチョウは横
浜ではあまり見られない蝶です。
　発生して間もないヒメウラナミジャノメ
やツマグロヒョウモン、キアゲハも観察で
きました。
　曇っていたのに17種も観察できました。

トラフシジミ

モンキチョウ多数　ツマグロヒョウモン1　トラフシジミ1　ミヤマセセリ多数
ルリタテハ2　ベニシジミ5　キタテハ2　ルリシジミ5　ヤマトシジミ3
テングチョウ1　モンシロチョウ多数　ツマキチョウ4　キタキチョウ2
スジグロシロチョウ多数　ヒメウラナミジャノメ3　ヒオドシチョウ2
キアゲハ1

ミヤマセセリ

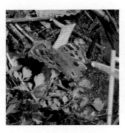
ヒオドシチョウ

モンキチョウ

夏の蝶観察「2018年7月15日」
　　　〜ゴイシシジミ・希重種オオチャバネセセリ多産〜

　林内でコミスジをたくさん観察することができました。
　池近くのササ原で、ちらちらさせながらゆっくり飛ぶゴイシシジミを見つけました。4頭観察できました。ササ裏にアブラムシのコロニーがあり、コロニー内でゴイシシジミの幼虫を見つけました。
　ダイミョウセセリの関西型(後翅に白帯がある)を見つけました。ダイミョウセ

セリは関東型と関西型があり、神奈川県は関東型が生息しています。横浜では観察例が殆どない蝶です。
　林縁のササ上にいるオオチャバネセセリを見つけました。たくさん観察することができました。
　ゼフィルス新卵(オオミドリシジミ卵・ミドリシジミ卵・ミズイロオナガシジミ卵)を観察しました。

ゴイシシジミ

　27種＋4種卵＋1種幼虫を観察することができました。

オオチャバネセセリ多数　ヤマトシジミ7　キタキチョウ7　コミスジ多数　ルリシジミ4
クロヒカゲ6　スジグロシロチョウ4　ウラギンシジミ6　イチモンジチョウ5
ダイミョウセセリ2　ヒカゲチョウ1　ベニシジミ2　カラスアゲハ2　モンキチョウ2
ヒメウラナミジャノメ7　アカボシゴマダラ4　コチャバネセセリ1　ツバメシジミ2
キタテハ1　コジャノメ1　クロアゲハ2　アオスジアゲハ2　モンキアゲハ2
オオミドリシジミ1　ツマグロヒョウモン1　ゴイシシジミ4　ムラサキシジミ2
オオミドリシジミ卵多数　ミドリシジミ卵多数　ミズイロオナガシジミ卵4　クロヒカゲ卵1
ゴイシシジミ幼虫3

コミスジ　　　　　ダイミョウセセリ関西型　　　クロヒカゲ

秋の蝶観察「2018年10月7日」
～貴重なヒョウモン類・夏眠あけの蝶～

　秋の蝶ウラナミシジミがコセンダングサで吸蜜していました。たくさんいました。秋を代表するヒメアカタテハやチャバネセセリも観察できました。

ミドリヒョウモンの産卵

　ミドリヒョウモンが2頭産卵していました。1頭はコナラ、もう1頭は杉の樹幹に産卵していました。ミドリヒョウモンは食草(スミレ類)でなく、スギなどの樹幹に産卵します。

　メスグロヒョウモンを観察することができました。横浜では貴重な蝶です。

　テングチョウを観察できました。久しぶりの観察でした。

　柿の木でルリタテハを観察しました。熟した柿で吸汁していました。

　蝶の多くは花の蜜を吸いますが、動物の排泄物や完熟した果物の汁等を吸う蝶もいます。

　今日一日で32種類もの蝶を観察することができました。

モンキチョウ6　アゲハ2　ウラナミシジミ多数　ヤマトシジミ多数　ウラギンシジミ多数
ツバメシジミ5　イチモンジセセリ多数　モンシロチョウ1　キタキチョウ7　コミスジ4
ナガサキアゲハ2　ベニシジミ2　ツマグロヒョウモン4　アオスジアゲハ1　ルリタテハ1
ヒカゲチョウ6　クロヒカゲ1　ミドリヒョウモン2　アカボシゴマダラ1　キタテハ6
コチャバネセセリ1　アサギマダラ1　クロコノマチョウ1　ヒメジャノメ1　キアゲハ1
メスグロヒョウモン1　テングチョウ5　ルリシジミ1　クロアゲハ2　ヒメアカタテハ1
チャバネセセリ1　アカタテハ1

メスグロヒョウモン

ルリタテハ

テングチョウ

③ 新治市民の森 —緑区新治町—

　横浜市の北西部に位置する新治市民の森で 2018 年 3 月 24 日、4 月 13 日、5 月 26 日に「春の蝶」を観察しました。(表 1)　3 日だけの観察で 46 種類もの蝶を確認することができました。

越冬蝶と新生蝶の出会い「3 月 24 日観察」

　3 月 24 日に 10 種観察しました。

　越冬蝶を 4 種(ルリタテハ・テングチョウ・キタキチョウ・キタテハ)と新生蝶 6 種(モンシロチョウ・スジグロシロチョウ・モンキチョウ・ルリシジミ・ミヤマセセリ・ベニシジミ) です。

　日だまりに姿を現していたのは成虫越冬していたルリタテハでした。

　日なたの枯葉に止まっているベニシジミを観察しました。まだ出てきたばかりの新生蝶です。

　ミヤマセセリが雑木林の林床(落ち葉の上)を忙しく飛び交っていました。

　菜の花で吸蜜しているモンシロチョウがたくさん見られました。

ルリタテハ 3 月 24 日

ベニシジミ 3 月 24 日

スプリングエフェメラル「4 月 13 日観察」

　ツマキチョウが草地上で翅を小刻みに動かして飛び回っていました。たくさん観察することができました。

　ミヤマセセリが多産していました。地表に止まっていると、落葉そっくりで

ツマキチョウ 4 月 13 日　　ミヤマセセリ 4 月 13 日　　コツバメ 4 月 13 日

見つけにくかったです。

　フキの葉上を飛び交うコツバメが観察できました。

　上記3種は春だけ会える蝶「スプリングエメラル」です。まさに春の妖精たちに出会うことができました。

　藤棚で、貴重種トラフシジミにも出会うことができました。

　25種＋1種(ルリタテハ)幼虫を観察することができました。

ゼフィルス多産「5月26日観察」

　ウラギンシジミが多産していました。散策路上で集団吸水しているところが見られました。

　横浜ではいる場所が限られているクロヒカゲをたくさん観察することができました。比較的暗い環境を好む蝶です。

　林内にはコジャノメやヒカゲチョウという暗い環境を好む蝶も見られました。

　貴重なイチモンジチョウを7頭も観察できました。雑木林を代表する蝶です。

　クリ畑でアカシジミ、ウラナミアカシジミが(クリの花で)吸蜜していました。ウラナミアカシジミは17頭も観察できました。ハンノキ林でミドリシジミを、林縁のイボタノキ近くでウラゴマダラシジミを、林内のクヌギ・コナラ周辺でミズイロオナガシジミ、オオミドリシジミを観察しました。

　32種＋1種(キタキチョウ)卵＋2種(アカタテハ、ルリタテハ)幼虫を観察することができました。

ミドリシジミ

ウラゴマダラシジミ　　ミズイロオナガシジミ　　オオミドリシジミ

表1　　新治市民の森の蝶 (2018年)

	3月24日	4月13日	5月26日
1	モンシロチョウ	スジグロシロチョウ	キタテハ
2	モンキチョウ	モンシロチョウ	ヒメジャノメ
3	スジグロシロチョウ	ツマキチョウ	ヒメウラナミジャノメ
4	ルリシジミ	ミヤマセセリ	アゲハ
5	ルリタテハ	コチャバネセセリ	キアゲハ
6	テングチョウ	トラフシジミ	モンシロチョウ
7	ミヤマセセリ	テングチョウ	スジグロシロチョウ
8	キタキチョウ	キタテハ	ルリシジミ
9	ベニシジミ	カラスアゲハ	モンキチョウ
10	キタテハ	ムラサキシジミ	ベニシジミ
11		キタキチョウ	テングチョウ
12		モンキチョウ	キタキチョウ
13		アゲハ	イチモンジチョウ
14		コミスジ	コジャノメ
15		ベニシジミ	ミドリシジミ
16		ルリシジミ	ウラギンシジミ
17		コツバメ	ウラナミアカシジミ
18		キアゲハ	クロヒカゲ
19		ルリタテハ	アカシジミ
20		ヤマトシジミ	サトキマダラヒカゲ
21		クロアゲハ	ダイミョウセセリ
22		ツマグロヒョウモン	ヒカゲチョウ
23		アオスジアゲハ	ゴマダラチョウ
24		ウラギンシジミ	ツバメシジミ
25		ミヤマカラスアゲハ	コミスジ
26			ヤマトシジミ
27			クロアゲハ
28			ウラゴマダラシジミ
29			ヒオドシチョウ
30			モンキアゲハ
31			オオミドリシジミ
32			ミズイロオナガシジミ

④　横浜市児童遊園地　―保土ケ谷区狩場町―

　横浜市の真ん中に位置する横浜市児童遊園地で 2018 年 7 月 21 日、8 月 10 日、8 月 16 日に「夏の蝶」を観察しました。3 日だけの観察で 39 種類もの蝶を観察することができました。

児童遊園地で観察した蝶

1	アオスジアゲハ	14	ウラナミシジミ	27	ゴマダラチョウ
2	アゲハ	15	ツバメシジミ	28	サトキマダラヒカゲ
3	カラスアゲハ	16	ベニシジミ	29	ツマグロヒョウモン
4	キアゲハ	17	ムラサキシジミ	30	テングチョウ
5	クロアゲハ	18	ムラサキツバメ	31	ヒカゲチョウ
6	ジャコウアゲハ	19	ヤマトシジミ	32	ヒメアカタテハ
7	ナガサキアゲハ	20	ルリシジミ	33	ヒメウラナミジャノメ
8	モンキアゲハ	21	アカタテハ	34	ヒメジャノメ
9	キタキチョウ	22	アカボシゴマダラ	35	ルリタテハ
10	スジグロシロチョウ	23	キタテハ	36	イチモンジセセリ
11	モンキチョウ	24	クロコノマチョウ	37	キマダラセセリ
12	モンシロチョウ	25	コジャノメ	38	コチャバネセセリ
13	ウラギンシジミ	26	コミスジ	39	ダイミョウセセリ

アゲハ類多数「7 月 21 日観察」

　ヤマトシジミが園内のあちこちで多産していました。モンシロチョウもたくさん見られました。

　7 種類ものアゲハ類が観察できました。アゲハやアオスジアゲハ、クロアゲハがたくさん見られました。

　ジュズダマにクロコノマチョウの卵がついていました。孵化して間もない幼虫（1 齢幼虫）も見られました。

　22 種＋3 種卵＋2 種幼虫を観察することができました。

アゲハ 7/21

クロコノマチョウ幼虫 7/21

ヤマトシジミ 7/21

イチモンジセセリの群れ「8月16日」

　サトキマダラヒカゲが雑木林の林床でたくさん観察できました。

　イチモンジセセリがキツネノマゴなどで吸蜜していました。また、ヒャクニチソウやキバナコスモスが満開の花畑にも群れていました。

ムラサキツバメの幼虫

　キツネノマゴでヤマトシジミやキタチチョウも吸蜜していました。よい吸蜜源になっています。

　園内にはたくさんのマテバシイ(ムラサキツバメの食樹)があり、ひこばえに卵や幼虫がたくさんついていました。

　ウラナミシジミを1頭観察することができました。秋になると増えてくる蝶です。この暑さですが、秋に近づいてきているのでしょうか。

　曇っていて風の強い日でしたので飛んでいる蝶はあまりいませんでしたが、28種も観察することができました。

　28種＋3種卵＋3種幼虫を観察することができました。

コミスジ1　モンキアゲハ1　クロアゲハ3　キタキチョウ4　ナガサキアゲハ1　アゲハ6
ヤマトシジミ多数　イチモンジセセリ多数　キマダラセセリ2　スジグロシロチョウ2
アオスジアゲハ3　カラスアゲハ1　キアゲハ1　ムラサキシジミ3　コチャバネセセリ1
モンキチョウ1　モンシロチョウ1　ベニシジミ2　ヒメウラナミジャノメ2　ルリシジミ1
アカボシゴマダラ1　ツバメシジミ1　ツマグロヒョウモン1　サトキマダラヒカゲ6
ムラサキツバメ1　ウラナミシジミ1　ダイミョウセセリ1　テングチョウ1
ムラサキシジミの卵　ムラサキツバメの卵　クロコノマチョウの卵
ムラサキツバメの幼虫　アカボシゴマダラの幼虫　クロコノマチョウの幼虫

イチモンジセセリ 8/16

キマダラセセリ 8/16

コチャバネセセリ 8/16

⑤ 氷取沢市民の森 ―磯子区氷取沢町―

　横浜市の南部に位置する氷取沢市民の森で2018年6月4日、7月27日、8月23日に「夏の蝶」を観察しました。3日だけの観察で46種類もの蝶を観察することができました。

氷取沢市民の森の蝶

2018年 6月4日	ヒカゲチョウ2　モンシロチョウ⑧　スジグロシロチョウ5　ベニシジミ8 ウラナミアカシジミ1　キタキチョウ7　ルリシジミ⑧　テングチョウ3 ウラギンシジミ5　キアゲハ4　コミスジ3　アゲハ2　モンキチョウ1 コジャノメ1　オオミドリシジミ1　トラフシジミ1　アカボシゴマダラ1 アカシジミ1　アサギマダラ1　ヒメウラナミジャノメ2　ナガサキアゲハ2 ムラサキシジミ1　ミズイロオナガシジミ1　キタテハ2　モンキアゲハ2 アオスジアゲハ3　クロアゲハ1　サトキマダラヒカゲ2
7月27日	アオスジアゲハ8　ウラギンシジミ⑧　モンシロチョウ3　キタキチョウ2 ヤマトシジミ⑧　キアゲハ1　サトキマダラヒカゲ1　ウラナミシジミ2 コミスジ5　ダイミョウセセリ1　ベニシジミ2　スジグロシロチョウ6 ムラサキシジミ1　モンキアゲハ2　クロアゲハ1　イチモンジチョウ1 キタテハ3　コジャノメ1　ルリシジミ7　ナガサキアゲハ1　オナガアゲハ1 モンキチョウ1　ツマグロヒョウモン1　カラスアゲハ1　ヒカゲチョウ1 アゲハ1　アカボシゴマダラ1　アカタテハ1　ジャコウアゲハ1 クロコノマチョウ1　ゴマダラチョウ1
	アゲハの卵5　アカタテハの幼虫8　アカタテハの蛹1
8月23日	アゲハ1　ヤマトシジミ⑧　イチモンジセセリ8　アカボシゴマダラ1 ツバメシジミ3　チャバネセセリ1　コミスジ3　キマダラセセリ1 キタテハ2　ムラサキシジミ2　キアゲハ2　サトキマダラヒカゲ⑧ モンシロチョウ3　ベニシジミ2　ヒメジャノメ1　ダイミョウセセリ2 スジグロシロチョウ2　ウラギンシジミ⑧　キタキチョウ1　ルリシジミ1 コチャバネセセリ1　アオスジアゲハ1　クロアゲハ6　ナガサキアゲハ6 モンキアゲハ4　ツマグロヒョウモン1　アカタテハ1　ウラナミシジミ3 ルリタテハ1　クロコノマチョウ1
	ウラギンシジミの卵1　キアゲハの卵5　アゲハの卵4 モンキアゲハの卵2　ムラサキシジミの卵2 アカボシゴマダラの幼虫7　キアゲハの幼虫⑧　アゲハの幼虫3 モンキアゲハの幼虫1　ゴマダラチョウの幼虫1

⑧多数(10頭以上)

ルリシジミ多数「6月4日観察」

　飛翔しているアサギマダラを観察しました。移動の途中で市民の森に立ち寄り栄養補給をしていたのでしょう。透けるようなあさぎ色が美しかったです。

　散策路上で吸水しているたくさんのルリシジミを観察できました。人に驚いてパッと飛び立つと翅の水色がとても美しかったです。

　ゼフィルスはアカシジミ、ウラナミアカシジミ、オオミドリシジミ、ミズイロオナガシジミを見ることができました。

ルリシジミ 6月4日

　樹林地内ではヒカゲチョウやコジャノメという暗い環境を好む蝶が見られました。

　28種の蝶を観察することができました。

稀な蝶オナガアゲハ「7月27日観察」

　森を入ってすぐの「おおやと広場」の東屋周辺にたくさんのウラギンシジミがいました。森のあちこちで数えきれない程いました。

　横浜ではあまり見ることができないオナガアゲハを観察することができました。森の中を流れる小川(大岡川の源流)沿いにオナガアゲハの食樹のコクサギがたくさん生えていました。

　豆畑でウラナミシジミを見ることができました。秋になるとたくさんいますが、この時季にはほとんど見ることができない蝶です。今年は発生が早いようです。

　樹冠付近を忙しく飛び回るたくさんのアオスジアゲハが見られました。

　カラムシの群生地でアカタテハの蛹を発見しました。久しぶりに観察しました。

　31種＋1種卵＋1種幼虫＋1種蛹を観察することができました。

ウラギンシジミ 7月27日　　オナガアゲハ 7月27日　　アカタテハの蛹 7月27日

卵・幼虫も見つけました「8月23日観察」

　暑くて、飛んでいる蝶はアゲハ類以外あまり見られませんでした。多くの蝶は木陰や葉上で静止していました。蝶はあまり暑いと飛ばなくなります。

ナガサキアゲハ 8月23日

　ヤマトシジミ、サトキマダラヒカゲ、ウラギンシジミが多産していました。イチモンジセセリもたくさん観察することができました。

　新鮮なナガサキアゲハを6頭も観察しました。

　（この時季あまり見られない）チャバネセセリを観察することができました。

　蝶の幼虫が食べる植物を食草あるいは食樹といいます。幼虫は食べる植物が決まっていて、成虫はほとんどその植物に産卵します。

　卵や幼虫もたくさん観察できました。

　ニンジン畑にたくさんのキアゲハの幼虫がいました。ニンジンはキアゲハの幼虫の食草です。生まれたばかりのものから、終齢幼虫までいました。

　ウラギンシジミの卵をクズの花で見つけました。食草はクズの花です。

　　観察した幼虫→アカボシゴマダラ(エノキ)・キアゲハ(ニンジン)・アゲハ(ユズ)
　　　　モンキアゲハ(カラスザンショウ)
　　観察した卵→ウラギンシジミ(クズの花)・キアゲハ(ニンジン)・アゲハ(ユズ)
　　　　モンキアゲハ(カラスザンショウ)・ムラサキシジミ(コナラ)

　30種＋5種卵＋5種幼虫を観察することができました。

キアゲハの幼虫 8月23日

ゴマダラチョウの幼虫 8月23日

ウラギンシジミの卵 8月23日

135

⑥　山下公園―中区山下町―

　横浜市の東部(臨海部)に位置する山下公園で 2018 年 7 月 22 日に観察をしました。12 種観察できました。

アオスジアゲハ多産「7 月 22 日観察」

1	アオスジアゲハ多数	5	ツマグロヒョウモン 1	9	スジグロシロチョウ 2
2	ヤマトシジミ 6	6	ルリシジミ 1	10	キタキチョウ 1
3	アゲハ 4	7	モンシロチョウ多数	11	モンキアゲハ 1
4	アカボシゴマダラ 1	8	イチモンジセセリ 1	12	クロアゲハ 1

　園内にたくさんのクスノキがありました。クスノキの樹冠をアオスジアゲハが飛び交っていました。クスノキを食樹とするのがアオスジアゲハです。

　花壇の花でたくさんのモンシロチョウが吸蜜していました。

　（この時季はあまり見られない）イチモンジセセリを花壇で観察することができました。

　園内にカタバミが咲いていました。カタバミ周辺をヤマトシジミが飛んでいました。

　アゲハやクロアゲハ、モンキアゲハなどのアゲハ類も観察できました。

ツマグロヒョウモン

アオスジアゲハ

ヤマトシジミ

136

⑦ 追分市民の森 —旭区矢指町—

横浜市の西部に位置する追分市民の森で 2018 年 9 月 23 日、10 月 28 日に「秋の蝶」を観察しました。2 日だけの観察で 35 種類もの蝶を観察することができました。

追分市民の森で観察した蝶(9/23・10/28)

1	アオスジアゲハ(9/23)	13	ムラサキシジミ(〃)	25	ヒメウラナミジャノメ(〃)
2	アゲハ(〃)	14	ムラサキツバメ(〃)	27	ヒメジャノメ(〃)
3	キアゲハ(〃)	15	ヤマトシジミ(〃)	28	イチモンジセセリ(〃)
4	ナガサキアゲハ(〃)	16	アカタテハ(〃)	29	チャバネセセリ(〃)
5	モンキアゲハ(〃)	17	アカボシゴマダラ(〃)	30	ウラナミシジミ(10/28)
6	キタキチョウ(〃)	18	キタテハ(〃)	31	ルリシジミ(〃)
7	スジグロシロチョウ(〃)	19	クロヒカゲ(〃)	32	クロコノマチョウ(〃)
8	モンキチョウ(〃)	20	コジャノメ(〃)	33	ヒメアカタテハ(〃)
9	モンシロチョウ(〃)	21	コミスジ(〃)	34	ルリタテハ(〃)
10	ウラギンシジミ(〃)	22	サトキマダラヒカゲ(〃)	35	コチャバネセセリ(〃)
11	ツバメシジミ(〃)	23	ツマグロヒョウモン(〃)		
12	ベニシジミ(〃)	24	ヒカゲチョウ(〃)		

ヒガンバナで吸蜜する多数のアゲハ 「9 月 23 日観察」

アゲハ、ヤマトシジミ、イチモンジセセリ、ヤマトシジミが多産していました。また、ツマグロヒョウモンやアカボシゴマダラ、コミスジ、ツバメシジミ、ヒカゲチョウもたくさん観察できました。

カラムシが群生していました。葉に幼虫巣がたくさんついていてアカタテハの幼虫が見られました。蛹もありました。卵もついていました。成虫も 2 頭舞っていました。アカタテハの卵から成虫まで全ステージを観察することができました。

アゲハ　　　　　　　アカタテハの卵　　　　　　アカボシゴマダラ

カシの枝にムラサキシジミ卵がたくさんついていました。

カラタチに若齢から終齢までのアゲハの幼虫がついていました。蛹も観察することができました。

成虫だけでなく、たくさんの卵や幼虫も観察できました。

29種＋5種卵＋4種幼虫＋1種蛹を観察することができました。

ヤマトシジミ多数　イチモンジセセリ多数　アカボシゴマダラ9　ヒメウラナミジャノメ5
モンキアゲハ3　コミスジ7　ヒメジャノメ2　アオスジアゲハ2　ツマグロヒョウモン9
サトキマダラヒカゲ1　モンキチョウ2　アゲハ多数　ウラギンシジミ3　キタキチョウ5
ツバメシジミ9　ムラサキシジミ2　ヒカゲチョウ8　ベニシジミ2　モンシロチョウ1
チャバネセセリ4　キタテハ2　アカタテハ2　クロアゲハ4　スジグロシロチョウ1
ナガサキアゲハ1　ムラサキツバメ1　キアゲハ3　コジャノメ1　クロヒカゲ1
ムラサキシジミの卵多数　アゲハの卵多数　ヤマトシジミの卵2　アカタテハの卵7
アカボシゴマダラの卵5
アゲハの幼虫多数　クロコノマチョウの幼虫2　アカタテハの幼虫多数
アカボシゴマダラの卵7
アカタテハの蛹1

秋の蝶チャバネセセリ大発生「10月28日観察」

コセンダングサなどで吸蜜しているチャバネセセリをたくさん見ることができました。30頭以上はいたと思います。一度にこんなに見たのは初めてです。

秋を代表するウラナミシジミもたくさん観察できました。

ヤマトシシミが多産していました。数えきれないほどいました。色のきれいな低温期型のヤマトシジミもいました。

イチモンジセセリやモンシロチョウ、ベニシジミ、モンキチョウ、キタキチョウも多産していました。

この時季にしては23種ものたくさんの蝶を観察することができました。

チャバネセセリ　　　　　イチモンジセセリ　　　　ヤマトシジミ低温期型

⑧　四季の森公園　―緑区寺山町―

　四季の森公園で 2018 年 9 月 19 日、10 月 20 日に「秋の蝶」を観察しました。
2 日で 39 種類もの蝶を観察することができました。

四季の森で観察した蝶

1	アオスジアゲハ	14	ツバメシジミ	27	サトキマダラヒカゲ
2	アゲハ	15	ベニシジミ	28	ツマグロヒョウモン
3	カラスアゲハ	16	ムラサキシジミ	29	テングチョウ
4	キアゲハ	17	ヤマトシジミ	30	ヒカゲチョウ
5	クロアゲハ	18	ルリシジミ	31	ヒメアカタテハ
6	ナガサキアゲハ	19	アカタテハ	32	ヒメウラナミジャノメ
7	モンキアゲハ	20	アカボシゴマダラ	33	ヒメジャノメ
8	キタキチョウ	21	アサギマダラ	34	メスグロヒョウモン
9	スジグロシロチョウ	22	キタテハ	35	ルリタテハ
10	モンキチョウ	23	クロコノマチョウ	36	イチモンジセセリ
11	モンシロチョウ	24	クロヒカゲ	37	コチャバネセセリ
12	ウラギンシジミ	25	コジャノメ	38	ダイミョウセセリ
13	ウラナミシジミ	26	コミスジ	39	チャバネセセリ

メスグロヒョウモン 9 月 16 日　　　　ツマグロヒョウモン 10 月 20 日

貴重種メスグロヒョウモン「9 月 16 日観察」
　秋を代表するヒメアカタテハを 7 頭観察しました。一度にこんなに多く見られ
たのはめずらしいです。キバナコスモスなどで吸蜜していました。

メスグロヒョウモンを4頭も観察できました。横浜では見ることが難しくなっている蝶です。見たのはオスばかりでした。

　たくさんのツバメシジミがいました。こんなに多くみたのは初めてです。

　樹林地でクロヒカゲ、ヒカゲチョウ、コジャノメを観察しました。これらの蝶はうす暗い環境を好んで生息しています。クロヒカゲは横浜ではいる場所が限られています。

ヒメジャノメ 9/16

　ヒメジャノメを観察しました。都市部では減少している蝶です。

　ヤマトシジミ、アゲハ、イチモンジセセリ、キタキチョウ、アカボシゴマダラが多産していました。

　たくさんの種類だけでなく、個体数も多く見られました。

　33種＋5種卵＋3種幼虫を観察することができました。

ヤマトシジミ多数　キタキチョウ多数　アゲハ多数　イチモンジセセリ多数　キアゲハ2
モンキアゲハ2　ヒメウラナミジャノメ8　ツマグロヒョウモン3　コチャバネセセリ1
クロアゲハ1　モンキチョウ7　ベニシジミ2　コミスジ3　アカボシゴマダラ多数
ヒメアカタテハ7　ツバメシジミ多数　クロヒカゲ2　スジグロシロチョウ5　コジャノメ1
ナガサキアゲハ3　サトキマダラヒカゲ5　チャバネセセリ1　メスグロヒョウモン4
ヒカゲチョウ1　アオスジアゲハ2　ムラサキシジミ3　ダイミョウセセリ1　キタテハ5
ルリシジミ2　アカタテハ1　ウラギンシジミ2　カラスアゲハ1　ヒメジャノメ2
ムラサキシジミの卵　アカボシゴマダラの卵　オオミドリシジミの卵　ツバメシジミの卵
ムラサキシジミの幼虫　アカボシゴマダラの幼虫　アゲハの幼虫

アカタテハ 9/16

ヒメアカタテハ 9/16

ツバメシジミ 9/16

ツマグロヒョウモン大発生「10月20日観察」

　ヤマトシジミ,イチモンジセセリ、ツマグロヒョウモン、ウラギンシジミ、キタキチョウがたくさん見られました。公園のいたる所でツマグロヒョウモンが見ら

れ30頭は観察しました。こんなに多くいたのに驚きでした。
　テングチョウを5頭観察しました。夏眠あけで
しょうか。
　メスグロヒョウモン（メス）を1頭観察できま
した。
　飛んでいるアサギマダラを発見しましたが、止
まらないで去っていってしまいました。
　コスモスがたくさん咲いていました。ヒメアカ
タテハやモンシロチョウが吸蜜していました。

アカボシゴマダラの幼虫

　22種＋1種幼虫を観察することができました。

ヤマトシジミ多数　ウラギンシジミ8　イチモンジセセリ多数　ツマグロヒョウモン多数
チャバネセセリ1　ツバメシジミ2　ベニシジミ2　ヒメアカタテハ2　モンシロチョウ1
テングチョウ5　キタキチョウ1　ウラナミシジミ2　ナガサキアゲハ2　ルリタテハ1
アサギマダラ1　モンキチョウ2　クロヒカゲ1　メスグロヒョウモン1　キタテハ1
ヒカゲチョウ　クロコノマチョウ1　ルリシジミ1
アカボシゴマダラの幼虫2

キタキチョウ 10/20　　　テングチョウ 10/20　　　モンシロチョウ 10/20

「2018年4月8日の観察」
　14種＋2種卵＋3種幼虫を観察することができました。

モンシロチョウ2　スジグロシロチョウ多数　テングチョウ多数　ツマキチョウ8　アゲハ2
キタキチョウ多数　ルリタテハ1　ヤマトシジミ1　クロアゲハ1　ムラサキシジミ1
トラフシジミ1　ミヤマセセリ2　ベニシジミ多数
ベニシジミの卵、スジグロシロチョウの卵
ツバメシジミの幼虫　アカボシゴマダラの幼虫　テングチョウの幼虫

⑨　金沢自然公園　―金沢区釜利谷町―

　横浜市の南部に位置する金沢自然公園で 2018 年 11 月 11 日に「晩秋の蝶」を観察しました。15 種類の蝶を観察することができました。2 種の幼虫(アカタテハ・アカボシゴマダラ)も観察できました。

晩秋の蝶ウラナミシジミ多産「11 月 11 日観察」

1	キタキチョウ多数	6	ウラナミシジミ多数	11	キタテハ 3
2	スジグロシロチョウ 2	7	ベニシジミ多数	12	テングチョウ 1
3	モンキチョウ多数	8	ムラサキシジミ 1	13	ヒメウラナミジャノメ 1
4	モンシロチョウ 6	9	ヤマトシジミ多数	14	イチモンジセセリ 2
5	ウラギンシジミ 2	10	アカタテハ 1	15	チャバネセセリ 2

　草地上でたくさんの蝶が見られました。
　コセンダングサでウラナミシジミやモンキチョウ、キタテハなどの蝶が吸蜜していました。多くのウラナミシジミが見られました。
　園内にカタバミがたくさんありました。カタバミで多くのヤマトシジミが吸蜜していました。また、カタバミ上を舞っていました。
　この時季、ヒメウラナミジャノメが見られました。
　カラムシが群生していて、アカタテハの幼虫がいました。羽化したてのアカタテハが舞っていました。
　ベニシジミ、ヤマトシジミ、キタキチョウ、モンキチョウ、ウラナミシジミが多産していました。

ウラナミシジミ

モンキチョウ　　　　　アカタテハの幼虫　　　　ヒメウラナミジャノメ

⑩ 小菅ヶ谷北公園 ―栄区小菅ヶ谷町―

横浜市の南部に位置する小菅ヶ谷北公園で2018年12月2日、12月4日に「初冬の蝶」を観察しました。

越冬に入った蝶を観察することができました。

ムラサキツバメの越冬集団「12月2日観察」

ムラサキツバメの越冬集団を見ることができました。アカガシで2集団(25頭)、アオキで1集団(13頭)観察できました。

ウラギンシジミが4頭越冬していました。アオキの葉裏で身を潜めて寒さに耐え越冬しているところが観察できました。

一直線に並んでいるのは珍しいです。

アカツメクサの花の中に産みつけられたツバメシジミの卵をたくさん観察することができました。

ツバメシジミの卵

曇っていて、気温も低かったので飛んでいる蝶はいませんでしたが、越冬している蝶や、各種の卵を見ることができました。

2種+3種卵を観察しました。

ムラサキツバメ25　ウラギンシジミ4
オオミドリシジミの卵1　ミドリシジミの卵2　ツバメシジミの卵多数

ムラサキツバメ越冬集団12月2日

ウラギンシジミの越冬12月2日

決められたステージで越冬「12月4日観察」

　季節外れの暖かさ(21℃)で飛んでいる蝶が(この時季にしては)たくさん見られました。

ムラサキシジミ 12/4

　ウラギンシジミの越冬（前のページの写真）は2頭は葉裏にぶら下がっていましたが、2頭は近くを飛び回っていました。

　ムラサキツバメも舞っていたり、葉上で開翅したりしていました。

　チャバネセセリが1頭コセンダングサで吸蜜していました。12月に見たのは初めてでした。遅い記録になると思います。

　シロダモの葉裏でアオスジアゲハの蛹を発見しました。

　越冬する蝶をたくさん観察できました。

　13種＋2種卵＋2種幼虫＋1種蛹を観察することができました。

ウラギンシジミ 4　ムラサキツバメ 23　ルリタテハ 1　ウラナミシジミ 5　モンキチョウ 1
キタキチョウ 5　ヤマトシジミ 5　キタテハ 1　ツマグロヒョウモン 1　ムラサキシジミ 1
クロコノマチョウ 1　チャバネセセリ 1
オオミドリシジミの卵 1　ミズイロオナガシジミの卵 1
ゴマダラチョウの幼虫 1　アカボシゴマダラの幼虫 1
アオスジアゲハの蛹 1

赤字：越冬する蝶

ミズイロオナガシジミ卵 12/4　　アカボシゴマダラ越冬幼虫 12/4　　アオスジアゲハ蛹 12/4

　蝶たちは、卵、幼虫、蛹そして成虫とそれぞれ決められたステージで越冬し、次の春がくるのを待っているのです。

資 料 編

2013.5.2 横浜市青葉区 ゴイシシジミ産卵

蝶の体のつくり

蝶の目や口はどこにありますか。翅や脚はどこからでているのでしょう。
蝶は他の昆虫と同じように体は頭部・胸部・腹部の三つに分けられます。
頭部には触覚と複眼が一対ずつと、口吻が1本あります。胸部には6本の脚がついています。翅が4枚あります。

触覚
先が少し太くなり、食草を識別します。さまざまな匂い情報もキャッチします。

胸
6本の足と翅を支える筋肉の塊でできています。

前翅
各一対の前翅と後翅の計4枚の翅をもちます。前翅と後翅を一緒に胸にある筋肉を動かして飛びます。

目
小さな目が集まってできた複眼で、動きには敏感で色も見えます。

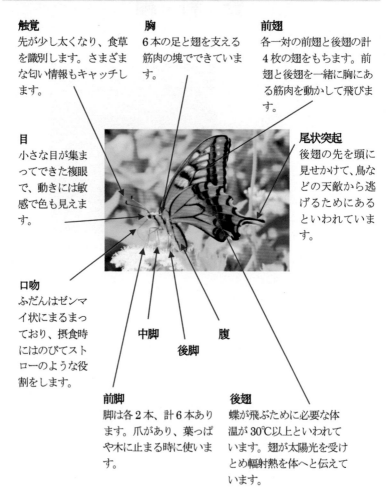

尾状突起
後翅の先を頭に見せかけて、鳥などの天敵から逃げるためにあるといわれています。

口吻
ふだんはゼンマイ状にまるまっており、摂食時にはのびてストローのような役割をします。

中脚

後脚

腹

前脚
脚は各2本、計6本あります。爪があり、葉っぱや木に止まる時に使います。

後翅
蝶が飛ぶために必要な体温が30℃以上といわれています。翅が太陽光を受けとめ輻射熱を体へと伝えています。

冬越しの形態

　蝶は卵・幼虫・蛹・成虫のいずれの形で越冬しています。蝶の越冬場所を探しながら、冬枯れの雑木林などを散策するのも楽しいでしょう。

卵で

オオミドリシジミの卵 12 月

ウラゴマダラシジミの卵 1 月

とても蝶などいそうにない冬の雑木林、でも探せば見つかります。

幼虫で

ゴマダラチョウの幼虫 1 月

ベニシジミの幼虫 2 月

蛹で

アオスジアゲハの蛹 12 月

成虫で

ジャコウアゲハの蛹 2 月

キタテハ 2 月

ムラサキシジミ 1 月

　※日光浴をするキタテハ、ムラサキシジミ、暖かい日に姿を現すことがあります。

学校で観察した蝶

○南舞岡小学校3年1組児童調べ

○調査日　平成21年（2009年）4月8日～12月15日

○理科の学習「しぜんたんけん」の生き物さがし（4月）がきっかけで、チョウを調べはじめる。

○横浜市教育委員会・横浜市環境科学研究所主催の「第5回こどもエコフォーラム」で研究成果を発表する。

○発表(一部)

　・学校で45種類ものチョウを観察することができました。アサギマダラ、ミドリシジミ、ジャコウアゲハ、アカボシゴマダラなどのめずらしいチョウを観察しました。

　今、話題になっている地球温だん化のチョウ（ナガサキアゲハ、ツマグロヒョウモン、ムラサキツバメ、クロコノマチョウ）も観察することができました。今まで、横浜にはほとんどいなかったクロコノマチョウを9月4日に10頭も発見しました。

　「45種類もチョウがいる学校は南舞岡小学校だけではないか」と先生がいっていました。

○チョウ調べを通して環境問題も考えることができた。

南舞岡小学校で観察したチョウ（平成21年）

No.	名前	No.	名前	No.	名前
1	キタキチョウ(4/8)	17	アサギマダラ(4/30)	33	クロコノマチョウ(9/4)
2	モンキチョウ(4/10)	18	ナガサキアゲハ(4/30)	34	ムラサキツバメ(9/4)
3	ベニシジミ(4/13)	19	ヒメジャノメ(5/11)	35	コジャノメ(9/4)
4	キタテハ(4/15)	20	サトキマダラヒカゲ(5/11)	36	ジャコウアゲハ(9/4)
5	スジグロシロチョウ(4/15)	21	テングチョウ(6/1)	37	ヒメアカタテハ(9/11)
6	アゲハ(4/16)	22	ゴマダラチョウ(6/3)	38	アカタテハ(9/11)
7	モンシロチョウ(4/16)	23	ミドリシジミ(6/12)	39	アカボシゴマダラ(9/13)
8	ツマグロヒョウモン(4/20)	24	ムラサキシジミ(6/15)	40	イチモンジセセリ(9/14)
9	ルリシジミ(4/20)	25	ヒカゲチョウ(6/15)	41	ツバメシジミ(9/14)
10	カラスアゲハ(4/22)	26	キマダラセセリ(6/15)	42	イチモンジチョウ(9/16)
11	クロアゲハ(4/22)	27	コチャバネセセリ(6/15)	43	チャバネセセリ(9/16)
12	モンキアゲハ(4/23)	28	キアゲハ(6/23)	44	ウラナミシジミ(9/18)
13	コミスジ(4/23)	29	ダイミョウセセリ(7/22)	45	ゴイシシジミ(9/18)
14	ヤマトシジミ(4/23)	30	トラフシジミ(7/22)		
15	アオスジアゲハ(4/27)	31	ウラギンシジミ(7/22)		（　）観察した日
16	ヒメウラナミジャノメ(4/28)	32	ルリタテハ(9/3)		

	種　名	食　草		種　名	食　草
1	アオスジアゲハ	クスノキ、シロダモなど	39	イチモンジチョウ	スイカズラ、ハコネウツギなど
2	アゲハ	ミカン類、サンショウなど	40	ウラギンスジヒョウモン	スミレ類
3	オナガアゲハ	コクサギ、カラスザンショウなど	41	オオウラギンスジヒョウモン	スミレ類
4	カラスアゲハ	カラスザンショウ、コクサギなど	42	オオムラサキ	エノキ
5	キアゲハ	セリ、ニンジン、シシウドなど	43	カバマダラ	トウワタ属
6	クロアゲハ	カラスザンショウ、ミカン類など	44	キタテハ	カナムグラなど
7	ジャコウアゲハ	オオバウマノスズクサなど	45	クロコノマチョウ	ジュズダマ、ススキなど
8	ナガサキアゲハ	ユズ、ナツミカン、キンカンなど	46	クロヒカゲ	ササなど
9	ミヤマカラスアゲハ	キハダなど	47	コジャノメ	ススキ、チジミザサなど
10	モンキアゲハ	カラスザンショウなど	48	コミスジ	クズ、ハギ、ネムノキなど
11	キタキチョウ	ネムノキ、ハギなど	49	コムラサキ	ヤナギ類
12	スジグロシロチョウ	イヌガラシ、タネツケバナなど	50	ゴマダラチョウ	エノキ
13	ツマキチョウ	イヌガラシ、タネツケバナなど	51	サトキマダラヒカゲ	マダケ、ササなど
14	ツマグロキチョウ	カワラケツメイなど	52	ジャノメチョウ	ススキ、スズメノカタビラなど
15	モンキチョウ	シロツメグサ、ダイズなど	53	ツマグロヒョウモン	スミレ類
16	モンシロチョウ	キャベツ、アブラナなど	54	テングチョウ	エノキ
17	アカシジミ	コナラ、クヌギなど	55	ヒオドシチョウ	エノキ
18	ウラギンシジミ	クズ、フジなど	56	ヒカゲチョウ	マダケ、メダケなど
19	ウラゴマダラシジミ	イボタノキなど	57	ヒメアカタテハ	ヨモギ、ハハコグサなど
20	ウラナミアカシジミ	クヌギ、コナラなど	58	ヒメウラナミジャノメ	ススキ、チジミザサなど
21	ウラナミシジミ	アズキ、ダイズ、クズなど	59	ヒメジャノメ	ススキ、アズマネザサなど
22	オオミドリシジミ	コナラ、クヌギなど	60	ミスジチョウ	ヤマモミジなど
23	クロマダラソテツシジミ	ソテツ	61	ミドリヒョウモン	スミレ類
24	ゴイシシジミ	ササやタケに付くアブラムシ	62	メスグロヒョウモン	スミレ類
25	コツバメ	アセビなど	63	リュウキュウムラサキ	サツマイモなど
26	シルビアシジミ	ミヤコザサなど	64	ルリタテハ	サルトリイバラ、ホトトギスなど
27	ツバメシジミ	シロツメグサなど	65	アオバセセリ	アワブキなど
28	トラフシジミ	フジ、クズ、ウツギなど	66	イチモンジセセリ	イネ、エノコログサなど
29	ベニシジミ	スイバ、ギシギシなど	67	オオチャバネセセリ	ササ、ススキなど
30	ミズイロオナガシジミ	コナラ、クヌギなど	68	キマダラセセリ	エノコログサ、アズマネザサなど
31	ミドリシジミ	ハンノキ	69	ギンイチモンジセセリ	ススキなど
32	ムラサキシジミ	アラカシなど	70	コチャバネセセリ	ミヤコザサ、メダケなど
33	ムラサキツバメ	マテバシイなど	71	ダイミョウセセリ	オニドコロ、ヤマノイモなど
34	ヤマトシジミ	カタバミなど	72	チャバネセセリ	ススキ、イネ、チガヤなど
35	ルリシジミ	ハギ、フジ、クズなど	73	ヒメキマダラセセリ	ススキ、カヤツリグサなど
36	アカタテハ	カラムシ、イラクサなど	74	ホソバセセリ	ススキなど
37	アカボシゴマダラ	エノキ	75	ミヤマセセリ	クヌギ、コナラなど
38	アサギマダラ	キジョランなど			

カラスザンショウ (アゲハ他)	セリ (キアゲハ)	ネムノキ (キタキチョウ)	シロツメクサ (モンキチョウ他)
クズ (ウラギンシジミ他)	コナラ (オオミドリシジミ他)	スイバ (ベニシジミ)	ハギ (ルリシジミ他)
カタバミ (ヤマトシジミ)	カラムシ (アカタテハ)	エノキ (アカボシゴマダラ他)	カナムグラ (キタテハ)
タチツボスミレ (ツマグロヒョウモン他)	ヨモギ (ヒメアカタテハ)	サルトリイバラ (ルリタテハ)	オニドコロ (ダイミョウセセリ)

観察地紹介 I

筆者が観察に行った場所です。「公園」や「市民の森」の概要です。たくさんの蝶に出会えました。

●舞岡公園

・横浜市戸塚区舞岡町 1764
・舞岡公園は田園や雑木林が広がる谷戸の自然公園です。
　面積は 28.5ha です。

アクセス

・横浜市営地下鉄「舞岡駅」より徒歩 25 分
・JR 戸塚駅より江ノ電バスで京急ニュータウン行きに乗り終点下車すぐ

2018.5.27

●寺家ふるさと村

・横浜市青葉区寺家町 414
・寺家ふるさと村は田園風景が残っている所で、水田と雑木林が広がる緑地保全地域です。他の公園とは異なり、現在でも農業を営む生活の場として活用している所です。
　面積は 12.3ha です。

アクセス　・田園都市線青葉台駅より東急バスで鴨志田団地行きに乗り終点下車

2018.8.17

●新治市民の森

・横浜市緑区新治町 887
・新治市民の森は谷戸と里山の風景が多く残されています。森(雑木林やスギ林)が多くあり、市内では少なくなった谷戸田も残されています。平地のハンノキ林も貴重なものとなっています。
　面積は 67.2ha です。

アクセス

・JR 横浜線十日市場駅より徒歩 15 分

2018.3.24

●横浜市児童遊園地

・横浜市保土ケ谷区狩場町 21
・遊園地という名前ですが、電動の遊
　具はなく、自然豊かな森の公園です。
　面積は 28.5ha です。

アクセス

・JR 保土ケ谷駅より、市営・神奈中バス「
　児童遊園地入口」下車

2018.8.10

●氷取沢市民の森

・横浜市磯子区氷取沢
・横浜市最大の緑地「円海山近郊緑地
　特別保全地区」の一角をなす市民の
　森です。大岡川の源流となっている
　緑豊かな森です。
　面積は 63ha です。

アクセス

・JR 洋光台から京急バスで「氷取沢市民の
　森入口」または「氷取沢」下車

2018.8.23

●四季の森公園

・横浜市緑区寺山町 291
・四季の森公園は谷戸や森林をそのま
　ま残して整備された県立公園です。
　雑木林と谷戸からなる里山環境が残
　っていて、多くの動植物が生息して
　います。
　面積は 67.2ha です。

アクセス

・JR、市営地下鉄中山駅から徒歩 15 分

2018.10.20

●追分市民の森

・横浜市旭区矢指町 1324
・谷戸の田園風景と樹林が一体となった自然豊かな所です。園内には広大な花畑もあり、春の菜の花、秋のコスモスなどが楽しめます。
　面積は 33.2ha です。

アクセス

・相鉄線「三ツ境駅」から徒歩 20 分ほど。バスも近くを走っています。

2018.10.28

●金沢自然公園

・横浜市金沢区釜利谷東 5-15-1
・金沢自然公園は「動物区」と「植物区」に分かれ、動物や昆虫、草花等を観察することができます。広大な敷地に豊かな緑が残る自然公園です。
　面積は 57.8ha です。

アクセス

・京急「金沢文庫駅」から京急バス(野村住宅センター行)で「夏山坂上」下車

2018.11.11

●小菅ヶ谷北公園

・横浜市栄区小菅ヶ谷四丁目 31 番
・小菅ヶ谷北公園は湿地、草地等がある自然観察ゾーン、雑木林のある散策の森ゾーン、利用拠点ゾーンからなる緑、自然が豊かな公園です。
　面積は 12.7ha です。

アクセス

・JR 根岸線「本郷台駅」から神奈中バス(小菅ヶ谷北公園行)で「小菅ヶ谷北公園」下車

2018.12.2

観察地紹介Ⅱ

観察好適地はたくさんありますが、その中の一部です。

「市民の森」にもたくさんの蝶が見られますので一覧を載せておきます。

自然の中へ出て、横浜の蝶の生きた姿を観察してみてはいかがでしょうか。

①　こども自然公園 2018.8.11

②　三ツ池公園 2018.8.14

③　横浜市こども植物園 2018.8.16

④　横浜自然観察の森 2018.9.2

⑤　里山ガーデン 2018.9.16

⑥　都筑中央公園 2018.12.9

①こども自然公園(通称大池公園)
- 横浜市旭区大池町 65-1
  広大な敷地(45.5ha)、豊かな自然のある公園です。多くの動植物が見られます。

②三ツ池公園
- 横浜市鶴見区三ツ池公園 1-1
  三つの池を豊かな緑(樹林等)が囲んでいます。

③横浜市こども植物園
- 横浜市南区六ツ川 3-122
  植物に接し、自然に親しむことができます。

④横浜自然観察の森
- 横浜市栄区上郷町 1562-1
  草地、湿地、雑木林、源流等があり、自然観察を楽しむことができます。動植物が豊かです。

⑤里山ガーデン
- 横浜市旭区上白根町 1425-4
  一面に広がる花畑、花や緑に囲まれた自然豊かな所です。

⑥都筑中央公園
- 横浜市都筑区茅ケ崎中央 2260 他
  もともとあった里山を整備した自然の残る公園です。円内には雑木林が広がっています。

観察 2018.8.18 こども自然公園

横浜市市民の森一覧

	区名	名　称	面積	場　所
1	鶴見	獅子ヶ谷市民の森	18.6ha	鶴見区獅子ヶ谷二丁目・三丁目、港北区師岡町
2		駒岡中郷市民の森	1.1ha	鶴見区駒岡三丁目
3	神奈川	豊顕寺市民の森	2.3ha	神奈川区三ツ沢西町
4	港南	下永谷市民の森	6.1ha	港南区下永谷六丁目、下永谷町、戸塚区上柏尾町
5	旭	矢指市民の森	5.1ha	旭区矢指町
6		追分市民の森	33.2ha	旭区矢指町、下川井町
7		南本宿市民の森	6.3ha	旭区南本宿町
8		今宿市民の森	3.0ha	旭区今宿町
9		柏町市民の森	1.9ha	旭区柏町
10		上川井市民の家	10,1ha	旭区上川井町
11	磯子	峯市民の森	15.9ha	磯子区峰町
12		氷取沢市民の森	71.3ha	磯子区氷取沢町、金沢区釜利谷東五丁目
13	金沢	釜利谷市民の森	11.8ha	金沢区釜利谷町、釜利谷東五丁目
14		称名寺市民の森	10.7ha	金沢区金沢町、谷津町
15		関ケ谷市民の森	2.2ha	金沢区釜利谷西二丁目、釜利谷東八丁目
16		金沢市民の森	24.8ha	金沢区釜利谷町
17		朝比奈北市民の森	11.5ha	金沢区朝比奈町、大道一丁目高舟台二丁目
18	港北	小机城址市民の森	4.6ha	港北区小机町
19		熊野神社市民の森	5.3ha	港北区師岡町、樽町四丁目
20		綱島市民の森	6.1ha	港北区綱島台
21	緑	三保市民の森	39.7ha	緑区三保町
22		新治市民の森	67.4ha	緑区新治町、三保町
23		鴨居原市民の森	2.0ha	緑区鴨居町
24		長津田宿市民の森	3.0ha	緑区長津田町
25	青葉	寺家ふるさとの森	12.4ha	青葉区寺家町
26	都筑	川和市民の森	4.0ha	都筑区川和町

27		池辺市民の森	4.0ha	都筑区池辺町
28	戸塚	まさかりが淵市民の森	6.5ha	戸塚区汲沢町、深谷町
29		ウイトリッヒの森	3.2ha	戸塚区俣野町
30		舞岡ふるさとの森	19.5ha	戸塚区舞岡町
31		深谷市民の森	3.1ha	戸塚区深谷町
32	栄	飯島市民の森	5.7ha	栄区飯島町
33		上郷市民の森	4.9ha	栄区上郷町、尾月
34		瀬上市民の森	48.2ha	栄区上郷町
35		荒井沢市民の森	9.6ha	栄区公田町
36		鍛冶ケ谷市民の森	2.9ha	栄区鍛冶ヶ谷二丁目
37	泉	中田宮の台市民の森	1.3ha	泉区中田北三丁目
38		新橋市民の森	4.3ha	泉区新橋町
39		古橋市民の森	2.2ha	泉区和泉が丘三丁目
40	瀬谷	瀬谷市民の森	19.1ha	瀬谷区瀬谷町、東野台、東野

(平成30年12月31日現在)

寺家ふるさとの森 2018.6.24

蝶検索

参考文献

参考にした主な文献は以下のとおりです。

・今森光彦　「ときめくチョウ図鑑」山と渓谷社　2014年
・海野和男・栗田貞多男　「日本のチョウ」小学館　1981年
・相模の蝶を語る会　「かながわの蝶」神奈川新聞社　2000年
・新開　孝　「里山蝶ガイドブック」TBSブルタニカ　2003年
・西多摩昆虫同好会　「東京都の蝶」けやき出版　2012年
・日本チョウ類保全協会「フィールドガイド日本のチョウ」誠文堂新光社2012年
・浜栄一・栗田貞多男・田下昌志　「信州の蝶」信濃毎日新聞社　1996年

ウラゴマダラシジミ卵
戸塚区舞岡公園　2017.12.27

あとがき

　大都市横浜でも 75 種類の蝶が生息していました。

　市街地（住宅地）が多い横浜ですが、郊外に行くと樹林地、草地、農耕地があり、まだ豊かな自然が残っています。

　横浜には自然公園がたくさんあります。公園内は雑木林が残っていたり、草地、湿地があったりで緑に囲まれていますので、公園内でも蝶が多く観察できます。舞岡公園(戸塚区)などでは年間 50 種以上の蝶が観察できます。

　筆者の体験に照らして、「足元にもたくさんの蝶がいる」ことがわかりました。自宅の庭、市街地、近くの公園などで観察してください。意外なほど多くの蝶に出会えます。

　2009 年から 2018 年までに 75 種類もの蝶を確認しました。

　横浜に生息する蝶を調べることができ、記録に残せることを嬉しく思います。

　本書を作るにあたっては多くの方々のご協力をいただきました。横浜の情報をご提供していただいた丸山充夫氏、資料作成にご協力いただいた中山秀子、橋山剛二の両氏、写真をご提供いただいた井原伸一、押上真一、加藤周八、次田章、中村美律子、中山秀子、橋山剛二、樋口真子、平野貞雄、松村勝喜、吉山誠一の各氏に厚く感謝申し上げます。

　最後に、本書の出版計画にご賛同いただき、刊行にいたるまで格別のご配慮をいただいた江ノ電沿線新聞社の皆さまに厚くお礼を申し上げます。

2020 年 10 月　　上村文次

著者略歴

上村　文次 (かみむら　ぶんじ)

1949 年　群馬県生まれ

1973 年 4 月〜2010 年 3 月　横浜市立小学校勤務

現在　日本自然保護協会自然観察指導員
　　　日本チョウ類保全協会会員・相模の蝶を語る会会員・三浦半島昆虫研究会会員
　　　「蝶友会」を主宰し、観察会を実施している。
　　　観察会の講師・講演活動を行なっている。
　　　里山保全ボランティア(鎌倉市の広町緑地・藤沢市の新林公園・茅ヶ崎市の清水谷)
　　　保全活動では生き物の生息環境の整備・蝶の食草の保護などをしている。また、
　　　市民を対象にした蝶観察会なども実施している。
　　　蝶に関する出版は「鎌倉広町緑地に舞う蝶」に続いて 3 作目。

よこはまの蝶

2020 年 10 月 16 日 第 1 刷発行

編者・著者　上村文次

発 行 所　江ノ電沿線新聞社

　　　　　〒251-0025　藤沢市鵠沼石上 1-1-1 江ノ電第 2 ビル 7 階
　　　　　TEL　0466 - 26 - 3028

定　価　　本体 1,800 円 + 税

「横浜の蝶」
（2009年〜2018年）

1 アオスジアゲハ　2 アゲハ　3 オナガアゲハ　4 カラスアゲハ　5 キアゲハ　6 クロアゲハ

7 ジャコウアゲハ　8 ナガサキアゲハ　9 ミヤマカラスアゲハ　10 モンキアゲハ　11 キタキチョウ　12 スジグロシロチョウ

13 ツマキチョウ　14 ツマグロキチョウ　15 モンキチョウ　16 モンシロチョウ　17 アカシジミ　18 ウラギンシジミ

19 ウラゴマダラシジミ　20 ウラナミアカシジミ　21 ウラナミシジミ　22 オオミドリシジミ　23 クロマダラソテツシジミ　24 ゴイシシジミ

25 コツバメ　26 シルビアシジミ　27 ツバメシジミ　28 トラフシジミ　29 ベニシジミ　30 ミズイロオナガシジミ

31 ミドリシジミ　32 ムラサキシジミ　33 ムラサキツバメ　34 ヤマトシジミ　35 ルリシジミ　36 アカタテハ

37 アカボシゴマダラ　38 アサギマダラ　39 イチモンジチョウ　40 ウラギンスジ
ヒョウモン　41 オオウラギンスジ
ヒョウモン　42 オオムラサキ

43 カバマダラ
44 キタテハ
45 クロコノマチョウ
46 クロヒカゲ
47 コジャノメ
48 コミスジ

49 コムラサキ
50 ゴマダラチョウ
51 サトキマダラヒカゲ
52 ジャノメチョウ
53 ツマグロヒョウモン
54 テングチョウ

55 ヒオドシチョウ
56 ヒカゲチョウ
57 ヒメアカタテハ
58 ヒメウラナミジャノメ
59 ヒメジャノメ
60 ミスジチョウ

61 ミドリヒョウモン
62 メスグロヒョウモン
63 リュウキュウムラサキ
64 ルリタテハ
65 アオバセセリ
66 イチモンジセセリ

67 オオチャバネセセリ
68 キマダラセセリ
69 ギンイチモンジセセリ
70 コチャバネセセリ
71 ダイミョウセセリ
72 チャバネセセリ

73 ヒメキマダラセセリ
74 ホソバセセリ
75 ミヤマセセリ

(編集協力　橋山剛二)